非标准模型物质场
在膜世界模型上的局域化性质

周祥楠　著

中国原子能出版社

图书在版编目（CIP）数据

非标准模型物质场在膜世界模型上的局域化性质 / 周祥楠著. -- 北京 : 中国原子能出版社, 2024. 12.
ISBN 978-7-5221-3960-9

Ⅰ. O412.3

中国国家版本馆 CIP 数据核字第 2025MC9199 号

非标准模型物质场在膜世界模型上的局域化性质

出版发行	中国原子能出版社（北京市海淀区阜成路 43 号　100048）
责任编辑	陈　喆
责任印制	赵　明
印　　刷	北京天恒嘉业印刷有限公司
经　　销	全国新华书店
开　　本	787 mm×1092 mm　1/16
印　　张	8.75
字　　数	121 千字
版　　次	2024 年 12 月第 1 版　2024 年 12 月第 1 次印刷
书　　号	ISBN 978-7-5221-3960-9　　**定　价　53.00 元**

发行电话：010-88828676

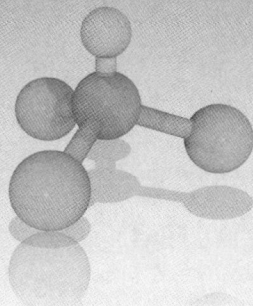

作者简介

周祥楠，男，汉族，1987 年 5 月 5 日出生，籍贯为四川省宜宾市。2015 年毕业于兰州大学物理科学与技术学院粒子物理与原子核物理专业，博士研究生。现就职于山西师范大学物理与信息工程学院，副教授，硕士生导师，主要从事非标准模型物质场在膜世界模型上局域化性质的研究工作。主持国家自然科学基金项目 2 项，在 *Physical Review D*、*Science China Physics*、*The European Physical Journal C*、*Chinese Physics C*、*The European Physical Journal Special Topics*、*Physica Scripta* 等期刊发表论文 8 篇。

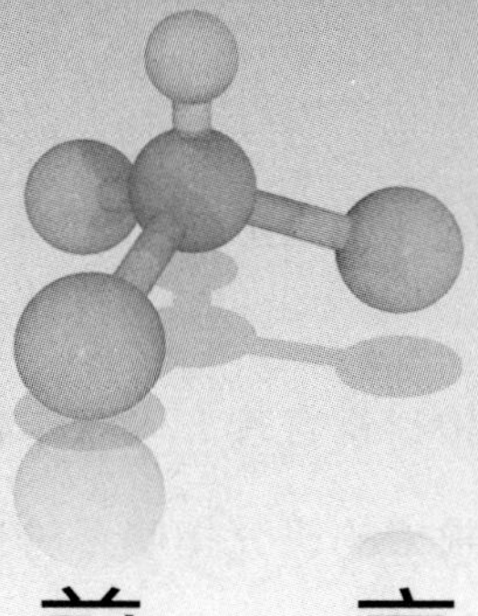

前　　言

对于非标准模型物质场在膜世界模型上的局域化性质的研究，是当前最为前沿的课题之一。在众多的暗物质的候选者之中，Elko 场具有非常好的描述暗物质的奇特性质，被人视作暗物质的重要候选者之一。膜世界理论因其可以解决层次问题、宇宙学常数问题等物理学疑难问题，引起了大家普遍的关注。其中，研究物质场在膜世界上的局域化机制是十分重要的课题，通过局域化，我们可以重新构建膜上的场论的标准模型，并为未来的实验提供指导。

基于此，本书围绕广义相对论与膜世界理论及其在非标准模型物质场中的应用展开研究。第一章追溯了广义相对论的发展历史，探讨其作为现代物理学基石的地位，指出了现代物理学中一些未解之谜，如暗物质、暗能量、宇宙学常数等问题。第二章分析了超越标准模型的物质场，特别是暗物质模型的候选者——Elko 场，以及引力子的伴随粒子——引力微子。第三章阐述了 Elko 场在膜世界模型中的局域化性质，分析了 Elko 场在薄膜上的局域化特点，随后进一步探讨了其在厚膜上的表现。第四章研究引力微子在厚膜上的局域化性质，通过引入汤川耦合和非最小耦合等机制，成功实现了引力微子在膜上的局域化。第五章展望了膜世界理论的未来发展。

本书选题新颖独到、结构科学合理、内容丰富翔实，不仅展示了膜世界理论的最新研究成果，也为未来的研究指明了方向，可作为相关领域科研学者和工作人员的参考用书。

本书写作过程中，参考引用了一些国内外学者的相关研究成果，也得到了许多专家和同行的帮助和支持，在此表示诚挚的感谢。由于作者的专业领域和研究环境所限，加之研究水平有限，本书难以做到全面系统，谬误之处在所难免，敬请同行和读者提出宝贵意见。

目　　录

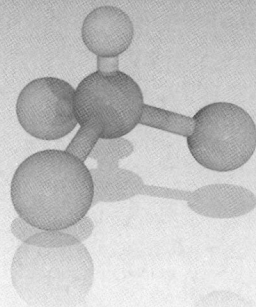

第 1 章　广义相对论与膜世界

1.1　广义相对论的历史发展

在经典力学时代，牛顿的万有引力定律为描述天体及地球物体间的引力作用提供了精确的理论框架，并在数个世纪内主导了人类对引力现象的认知。然而，随着观测技术的进步，经典力学在解释某些引力现象时的局限性逐渐显现，尤其是水星近日点进动问题，这一现象对经典力学在引力理论解释上提出挑战，激发了科学界对引力理论更深探索的动力，为广义相对论的诞生提供了契机。

爱因斯坦于 1905 年提出了狭义相对论，该理论专注于惯性参考系中的物理规律，并以光速不变原理和相对性原理为基石，开启了对时间和空间的新认知。尽管狭义相对论在惯性参考系中取得了巨大成功，但在处理引力问题时，由于其局限于惯性参考系，显得力不从心。这促使爱因斯坦将相对性原理扩展至非惯性参考系，以寻求一个能够全面解释引力现象的理论。

爱因斯坦逐渐认识到牛顿力学在解释某些自然现象时的局限性，尤其是在引力作用的描述上。当时，麦克斯韦已完成了电磁场的统一，揭示了电力和磁力均通过场来实现，而主流物理学界并不认同超距作用的存在。爱因斯坦认同万有引力的存在，但认为引力并非通过以太传递，而是通过某种场——即“引力场”来传递。如果引力场存在，其基本属性应与电磁场相似，即引力等于质量乘以引力场强度。

在探索广义相对论的过程中，爱因斯坦还考虑了惯性力的问题。例如，当一辆匀速行驶的汽车紧急刹车时，车内的人会感受到明显的惯性作用，但这一现象在牛顿力学和狭义相对论中均无法解释。爱因斯坦提出了惯性质量和引力质量等价的公设，这一公设为广义相对论的建立提供了关键的启示。

爱因斯坦在推广相对论至非惯性参考系的过程中，寻求描述引力的理论，但由于数学水平的限制，难以用数学语言精确表达其物理学思想。此时，他的大学同学、数学家马塞尔·格罗斯曼提供了重要帮助。格罗斯曼当时正在研究非欧几何，并告知爱因斯坦，黎曼几何是其所需的数学工具。爱因斯坦提出，物体会弯曲空间，引力是空间弯曲后的几何效应，而黎曼几何正是研究弯曲空间的数学分支。此外，爱因斯坦还需要张量微积分，数学家里奇和列维已为此领域的发展铺平了道路。格罗斯曼与爱因斯坦合作发表了奠定广义相对论基础的论文。在广义相对论的创立过程中，爱因斯坦还得到了数学家大卫·希尔伯特的帮助，希尔伯特以高超的数学技巧迅速推导出了引力场方程。几乎同时，经过 8 年的努力，爱因斯坦也得到了正确的引力场方程。

爱因斯坦还与多位数学家合作，如与格罗斯曼合作，格罗斯曼主要研究微分几何和张量微积分，他们着重研究了黎曼几何，为广义相对论的建立奠定了基础。后来，爱因斯坦还与希尔伯特进行了深入探讨，得到了深刻启发，最终得到了引力场方程。1915 年 11 月，爱因斯坦向普鲁士科学院提交了 4 篇论文，在这些论文中，他提出了新的观点，证明了水星近日点的进动，并给出了正确的引力场方程，标志着广义相对论的诞生。

广义相对论诞生后，其正确性迅速得到了实验观测的有力支持。1919 年，爱丁顿领导的两支探险队前往非洲和南美洲观测日全食，目的是验证广义相对论中光线在引力场中弯曲的预言。观测结果令人振奋，光线在太阳引力场作用下的弯曲角度与广义相对论的预测完全一致，这一里程碑式的实验消除了科学界对广义相对论的疑虑，使其在国际上赢得了广泛的关注与初步认可。随后，诸如引力红移、水星近日点进动等一系列广义相对论的预言也相继被实验和观测所证实，进一步巩固了广义相对论在科学殿堂中的崇高地位。

1.2　现代物理学的一些问题

在现代物理学的研究领域，存在一系列尚未解决的问题，这些问题在理论物理学的发展中占据核心地位。量子力学在微观尺度上取得了显著成就，而广义相对论在描述引力现象和宏观宇宙结构方面同样表现出色。然而，这两个理论框架在根本上不兼容，量子场论基于平坦时空的量子化，而广义相对论则将引力视为时空的几何弯曲。尝试将量子场论应用于引力场时，会导致不可重整化的发散问题。因此，物理学家一直在寻找能够统一这两个理论的框架，如弦理论和圈量子引力理论。弦理论提出基本粒子是由一维弦的振动构成，这一理论有潜力统一引力与其他基本力，但其缺乏实验验证，且数学结构极为复杂。圈量子引力理论则尝试从量子化的时空出发构建量子引力理论，但面临技术和概念上的多重挑战。

在力的统一问题上，标准模型成功地描述了电磁力、弱相互作用力和强相互作用力，但在将引力纳入统一框架方面遭遇困难。膜世界理论为此提供了新的视角，该理论假设我们所处的四维时空（三维空间加一维时间）是嵌入在更高维时空中的一个“膜”。引力是唯一能够在高维空间中传播的力，而其他三种基本力则被限制在我们的四维膜上。这种关于力的传播方式的差异为理解引力与其他基本力之间的差异提供了新的几何框架，并为四种基本力的最终统一提供了新的方向。例如，在相关计算中，通过研究引力子在高维空间和膜之间的相互作用，构建包含引力和其他基本力的统一理论，尽管尚未成功，但为理论物理学家开辟了新的研究途径。

暗物质和暗能量的本质是现代物理学中的另一大难题。天文观测提供了大量证据表明它们的存在，但它们的具体性质仍然神秘。暗物质不与电磁辐射相互作用，仅通过引力影响可见物质的运动；而暗能量则是导致宇宙加速膨胀的神秘力量。对于暗物质，科学家提出了多种候选粒子，如弱相互作用大质量粒子（WIMP）和轴子，并通过地下实验室直接探测、高能粒子对撞实验、天文观测等多种方法进行寻找，但至今尚未直接探测到暗物质粒子。暗能量的物理本质更加难以捉摸，存在多种理论模型，如宇宙学常数模型、标量场模型等，但都存在问题，例如宇宙学常数的微调问题和与基本物理理论的兼容性问题。膜世界理论为暗物质的存在和性质提供了新的解释，暗物质可能是存在于额外维度的粒子或物质形态，由于引力能在不同维度传播，暗物质可以通过引力作用影响我们所在的膜上的物质，这与天文观测中发现的暗物质迹象相符。此外，暗物质在额外维度中的假设可以解释它为何不与电磁辐射相互作用，因为它在额外维度中“隐藏”起来，避开了我们通常探测物质的电磁手段。对于暗能量，膜世界理论也提供了启发，暗能量被认为是导致宇宙加速膨胀的原因，在膜世界模型中，膜的动力学和额外维度的几何结构可能与暗能量有关。例如，膜的张力或膜之间的相互作用可能产生类似暗能量的效应，影响宇宙的膨胀速率。一些理论模型通过调整膜的性质和额外维度的参数来模拟暗能量的行为，虽然还没有确定的结论，但提供了新的视角。

层次问题，即粒子物理学中电弱相互作用能标和引力相互作用普朗克能标之间巨大的数量级差异，也是现代物理学中的一个未解之谜。膜世界理论中的部分模型可以对此进行解释。以 Randall-Sundrum（RS）模型为例，它通过引入额外维度和不同张力的膜，利用膜的几何结构和物质分布不同造就能标之间的巨大差异。在 RS Ⅱ 模型中，通过指数形式的挠曲因子来描述额外维度的几何性质，这个卷曲因子能够吸收层次问题中的巨大数量级差距。

将我们生活的膜置于具有特定曲率的五维反德西特（AdS_5）时空背景下，改变引力在额外维度中的传播方式，在无须过多微调的情况下解释了电弱能标和普朗克能标之间的巨大差异。

基本粒子的质量起源同样令人困惑。在粒子物理学标准模型中，基本粒子通过希格斯机制获得质量，但希格斯机制并未解释希格斯粒子自身的质量来源，也未阐明为什么基本粒子具有不同的质量。希格斯粒子的发现验证了希格斯机制的正确性，但关于质量起源的深层次问题仍然存在。例如，希格斯粒子的质量是否受到新物理的影响，是否有其他更基本的机制来解释质量的产生和粒子质量的差异，这些问题都需要进一步研究。

对于宇宙结构的形成，膜世界理论中的暗物质模型非常关键。如果暗物质是额外维度中的物质，它在宇宙早期的引力作用会促使物质聚集，形成星系、星系团等结构。通过研究膜的几何结构和额外维度中的物质分布，可以更好地理解宇宙大尺度结构的分布规律和演化过程，并且与观测到的宇宙大尺度结构进行对比，进一步完善宇宙学理论。

1.3　膜世界模型

在 RS 膜世界模型提出之前，额外维理论中的额外维都是卷曲成一个圆圈，这是为了诠释额外维“隐藏”起来的原因所导致的。一开始的 KK 理论将额外维卷曲成一个只有 Planck 尺寸的圆圈，这样额外维的尺度太小以至于我们很难去发现额外维存在的证据以及其给予我们的信息，后来发展出来 ADD 膜世界理论（由三位科学家 Arkani-Hamed、Dimopoulos 和 Dvali 提出）可以通过额外维的存在来解决层次问题（所谓层次问题，指的是弱耦合常数与引力常数直接存在的巨大差异），并且可以通过额外维的数量来调节额外维半径的大小，最大可以达到毫米量级，因此，ADD 理论也被称为大额外维理论。不过 ADD 理论中的额外维仍然是卷曲成一个圆圈，并且其解决层次问题的方式是将层次问题转移到了额外维的大小问题上，并没有很好地解决层次问题，在这样的背景下，RS 理论诞生了。

在本节中，我们将简要回顾一些膜世界模型，包括 RS 型模型和一些厚膜模型。在这个复习中，大写拉丁字母 M、N…和希腊字母 μ、ν…分别表示高维和四维时空指标。额外维度坐标用五维中的 y 或 z 和六维空间中 r、θ 表示，一个带尖帽的符号描述了膜上的四维量，例如 $\hat{g}_{\mu\nu}$ 是膜上的诱导度规。

1.3.1 RS 型膜

在 RS 膜世界模型被提出之前，早期理论中认为额外维度是紧凑的，这解释了为什么我们看不到额外维度。最初，五维 KK 理论中的额外维度被卷曲成一个普朗克大小的圆[1-2]，这个圆太小了，无法在实验中发现。后来，为了解决存在额外维度的层次问题，提出了 ADD 模型。在这个模型中，我们的四维世界是一个嵌入高维时空的膜，物质场被限制在膜上。额外维半径与高维时空中的额外维数和基本能量尺度有关[3]。通过大量的额外维度来解决层次问题。然而，ADD 模型中的额外维度仍然卷曲成圆圈。

受 ADD 模型的启发，Randall 和 Sumdrum（RS）于 1999 年提出了两种五维的弯曲膜世界模型[4-5]。与 ADD 模型不同的是，这些模型没有忽略膜张力，从而使五维时空发生弯曲。五维线元通常是

$$\mathrm{d}s^2 = e^{2A(y)}\mathrm{d}s^2_{\text{brane}} + \mathrm{d}y^2,\ \mathrm{d}s^2_{\text{brane}} = \hat{g}_{\mu\nu}\mathrm{d}x^\mu \mathrm{d}x^\nu \tag{1-1}$$

这里，$A(y)$是翘曲因子它是额外维度 y 的函数，$\mathrm{d}s^2_{\text{brane}}$ 是膜上的诱导度规。通常，它涉及以下三种典型的膜

$$\mathrm{d}s^2_{\text{brane}} = \begin{cases} \eta_{\mu\nu}\mathrm{d}x^\mu \mathrm{d}x^\nu & \text{平膜} \\ e^{2Hx_3}(-\mathrm{d}t^2 + \mathrm{d}x_1^2 + \mathrm{d}x_2^2) + \mathrm{d}x_3^2 & \text{AdS膜} \\ -\mathrm{d}t^2 + \mathrm{e}^{2Ht}\mathrm{d}x^i \mathrm{d}x_i & \text{dS膜} \end{cases} \tag{1-2}$$

在以后的研究中，将度规式（1-1）变换为下一个度规是方便的。

$$\mathrm{d}s^2 = e^{2A(z)}(\mathrm{d}s^2_{\text{brane}} + \mathrm{d}z^2) \tag{1-3}$$

通过坐标变换

$$dz = e^{-A(y)}dy \tag{1-4}$$

1.3.1.1　RS Ⅰ模型

已知RS模型有两种类型。在RS Ⅰ模型[4]中，Randall和Sumdrum认为额外维度是紧化在半径为$R_c(y\in -\pi R_c, \pi R_c)$。在五维AdS背景时空的边界处存在两个膜。一种是在固定点$y=\pi R_c$处具有负张力的可见膜（也称为TeV膜或IR膜），另一种是在固定点$y=0$处具有正张力的隐藏膜（普朗克膜或UV膜）。因此，RS Ⅰ模型的作用可以写成

$$S_{\text{RS I}} = S_{\text{grsvity}} + S_{\text{vis}} + S_{\text{hid}} \tag{1-5}$$

其中

$$S_{\text{gravity}} = \int d^4x \int_{-R_c\pi}^{R_c\pi} dy \sqrt{-g}(2M^3R - \Lambda) \tag{1-6}$$

$$S_{\text{vis}} = \int d^4x \sqrt{-\hat{g}_{\text{vis}}}(L_{\text{vis}} - V_{\text{vis}}) \tag{1-7}$$

$$S_{\text{hid}} = \int dx^4 \sqrt{-\hat{g}_{\text{hid}}}(L_{\text{hid}} - V_{\text{hid}}) \tag{1-8}$$

这里，M是基本质量尺度，Λ、V_{vis}和V_{hid}分别是可见膜和隐藏膜上的背景的宇宙学常数。$\mathcal{L}_{\text{vis}}$和$\mathcal{L}_{\text{hid}}$是可见膜和隐藏膜上物质场的拉格日量。$\hat{g}_{\text{vis}}$和$\hat{g}_{\text{hid}}$两个膜上的诱导度规满足$\hat{g}_{\text{vis}} = g(x^\mu, y = R_c\pi)$和$\hat{g}_{\text{hid}} = g(x^\mu, y = 0)$，如图1-1所示。

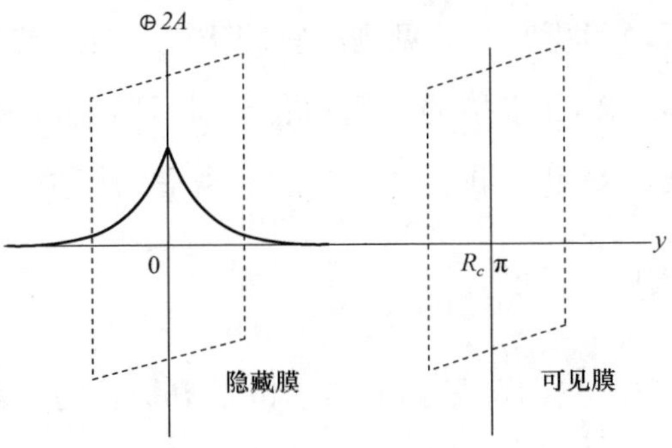

图1-1　RS Ⅰ模型的基本图像

由上述动作我们可以得到五维爱因斯坦方程。对于平直膜，即 $\hat{g}_{\mu\nu}=\eta_{\mu\nu}$，解被给出是由

$$A(y)=-k|y|,\ k=\sqrt{\frac{-\Lambda}{24M^3}} \tag{1-9}$$

可以看出 $\Lambda<0$ 和 $V_{\text{hid}}=V_{\text{vis}}=24M^3k$ 。

通过对引力作用 S_{gravity} 的额外维度部分进行积分，可以得到 RS Ⅰ 模型的四维有效作用：

$$\begin{aligned} S_{\text{eff}} &= 2M^3\int_{-R_c\pi}^{R_c\pi}\mathrm{d}y\mathrm{e}^{-2k|y|}\int \mathrm{d}^4x\sqrt{-\hat{g}}\hat{R} \\ &= 2M_{Pl}^2\int \mathrm{d}^4x\sqrt{-\hat{g}}\hat{R} \end{aligned} \tag{1-10}$$

可以得到四维普朗克尺度 M_{Pl} 与五维基本尺度 M 之间的关系：

$$M_{Pl}^2=\frac{M^3}{k}(1-\mathrm{e}^{-2k\pi R_c}) \tag{1-11}$$

其中参数 k 是质量的量纲。假设 $k\sim M$，当 $R_c\sim10$ 时，可以得到 $M_{Pl}\sim M$ 。通过这种选择，可以优雅地解决层次问题（详见文献［4］）。在该模型中，关键问题是通过时空的曲率（由卷曲因子反映）来实现能量尺度的统一，而不是依赖于额外维度的数量，这使得分层问题的求解更加自然。

此外，RS 模型还有另外一个类型：RS Ⅱ 模型[5]，其中不再考虑两张膜，而只考虑一张膜，并将额外维的尺度扩展到无穷大。这一点十分有意思，因为之前的膜世界模型额外维都是紧致的，而 RS Ⅱ 模型打破了这一局限，使得额外维的尺度可以和我们一般见到的空间维度一样是无穷大的，使得模型变得更加自然有趣。RS Ⅱ 模型的度规和卷曲因子形式和 RS Ⅰ 一样，只是额外维扩展到无穷大，RS Ⅱ 是我们工作中主要考虑的模型。

1.3.1.2 RS Ⅱ 模型

在 RS Ⅰ 模型中，我们可见膜上的宇宙常数是负的，额外维度的半径是有限的。Randall 和 Sundrum 意识到，如果不考虑层次问题，额外维度的规模可能是无限的。他们提出了一个膜的 RS Ⅱ 模型［5］，其中额外维度的尺

度是无限的，膜上的宇宙学常数是正的，如图 1-2 所示。

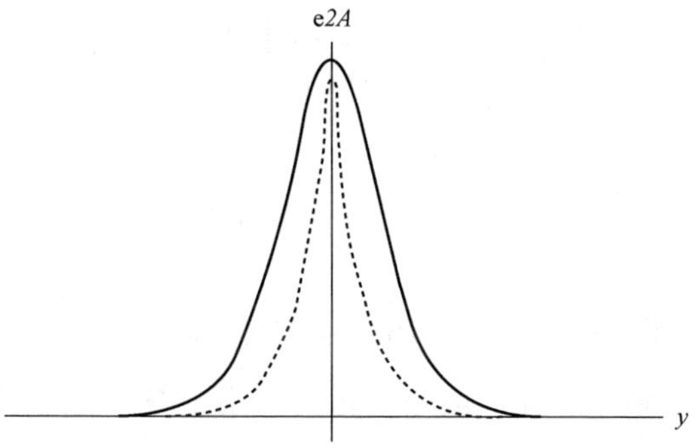

图 1-2　RS Ⅱ 膜（虚线）和厚膜（实线）的翘曲因子图像

作用量为

$$S_{\mathrm{RS\,II}} = S_{\mathrm{gravity}} + S_{\mathrm{brane}}$$
$$S_{\mathrm{gravity}} = \int \mathrm{d}^4 x \int \mathrm{d}y \sqrt{-g}\,(2M^3 R - \Lambda)$$
$$S_{\mathrm{brane}} = \int \mathrm{d}^4 x \sqrt{-\hat{g}_{\mathrm{brane}}}\,(L_{\mathrm{brane}} - V_{\mathrm{brane}}) \tag{1-12}$$

这里，额外的维度 y 是非紧化的，平直膜的卷曲因子 $A(y)$ 的解为

$$A(y) = -k|y| \tag{1-13}$$

当宇宙常数在背景和膜上是相关时这个解成立

$$V_{\mathrm{brane}} = 24M^3 k\,,\ \Lambda = -24M^3 k^2 \tag{1-14}$$

这表明膜上的宇宙常数是正的。对于物质场的局域化，RS Ⅱ 模型中的无限额外维度总是带来更多的挑战和有趣的结果。因此，在本书中，我们只考虑 RS Ⅱ 模型为 Elko 场的局域化。

1.3.1.3　RS Ⅱ 模型中的 dS/AdS 膜

以上解法均适用于平直膜。此外，当我们考虑 RS Ⅱ 模型中的 dS 膜时，卷曲因子 $A(y)$ 为

$$A(y) = \frac{1}{2}\ln\left(\frac{H}{b}\sinh(b|y| + \sigma\right) \tag{1-15}$$

对于 RSⅡ模型中的 AdS 膜，解为

$$A(y)=\frac{1}{2}\ln\left(\frac{H}{b}\cosh(b|y|-\sigma\right)\tag{1-16}$$

1.3.2 厚膜

我们已经看到 RSⅠ模型可以出色地解决层次问题，不过需要注意的是，模型中给出的可见膜的宇宙学项是负数，而宇宙学中由宇宙加速膨胀这一观测事实更加支持宇宙学常数是正数，也就是说 RSⅠ和宇宙学是有冲突的。不过这一冲突可以通过在标量张量引力理论中构建 RSⅠ模型来[6-14]，具体可参考文献［14］。RS 模型中膜的厚度都是 0，也就是其能量密度是一个德尔塔函数，膜的存在就是人为加上去的，而更加现实的情况是，膜上的能量密度应该是具有一定的分布的［15］，由此，人们通过在引力背景中引入标量场来自然地产生膜，厚膜理论由此诞生。

当我们从薄膜理论出发，考虑现实情况：膜的能量密度沿额外维应该有一个分布，则厚膜理论孕育而生。不过厚膜的概念一开始并不是直接从 RS 模型中直接推广而来，而是从一个叫“畴壁”（domain wall）的概念发展来的。早在 RS 模型提出前的 1982 年，苏联科学家 Rubakov 和 Shaposhnikov 便提出了“畴壁”理论[1-2]，他们在通过引入一个标量场，在五维平直时空中产生了一个拓扑缺陷，从而使得物质场可以束缚在这个拓扑缺陷上，不过这个图像仅仅局限在平时时空中，并且从该理论中得不到有效四维的牛顿引力，因此该理论并没有引起大家足够的重视。直到 RS 模型提出后，人们受到启发在上述“畴壁”图像中引入了高维时空的引力，使得标量场和引力相互作用从而产生了厚膜。这里我们简单介绍厚膜理论中最简单的图像，即通过一个标量场产生厚膜[15-20]，使得大家对厚膜图像有了初步的了解。

考虑在五维时空中，爱因斯坦引力（当然也可以是其他修改引力）与一

个标量场最小耦合，则其作用量为

$$S=\int d^5x\sqrt{-g}\left(\frac{1}{2\kappa_5^2}R-\frac{1}{2}g^{MN}\partial_M\phi\partial_N\phi-V(\phi)\right) \tag{1-17}$$

这里有 $\kappa_5^2=8\pi G_5$，而 G_5 为五维时空中的牛顿引力常数。通常来说为了求得方便，可以 $\kappa_5^2=1$，$V(\phi)$ 为标量场的势函数，这个势函数是我们产生厚膜的关键，不同的势函数会导致不同的厚膜结构。同时为了简单起见，我们考虑该标量场仅仅是额外维的函数，$\phi=\phi(y)$。

前面提到过，一般五维膜世界模型的度规统一为式（1-1），将该度规带入上述作用量，变分可得爱因斯坦方程和标量场的运动方程，有

$$\phi'^2=-3A'' \tag{1-18}$$

$$-2V=12A'^2+3A'' \tag{1-19}$$

$$dV/d\phi=\phi''+4A'\phi' \tag{1-20}$$

其中，卷曲因子 $A(y)$、标量场 $\phi(y)$、标量场势函数 $V(\phi(y))$ 都是未知数，并且对上述这三个并不独立的方程而言，只需要再给出其中任意一个，就可以求出其他两个量。而这给出的任意的量并没有什么严格的要求，仅仅是人们根据模型构建和想要模型实现的功能上去考虑人为给予的，而厚膜理论因为这种选择的任意性，发展出了丰富多彩的内容。

不论我们给出何种函数（常见有给出势函数形式，或者直接假定卷曲因子的形式，这样做的好处是可以得到我们期望的膜的结构形式），对于较为简单的形式，可以考虑使用超势方法来解析地求解上面三个方程，所谓的超势的方法，一般是通过引入关于标量场 ϕ 的超势 $W(\phi)$：$\phi'=\partial W/\partial\phi$，这样便可以将上述三个二阶方程转化为一个一阶的方程组

$$A'=W(\phi),\quad V=\frac{1}{2}\left[\frac{4}{3}W^2-\left(\frac{dW}{d\phi}\right)^2\right] \tag{1-21}$$

这样我们便从给予 $A(y)$、$\phi(y)$ 或者 $V(\phi(y))$ 转化成了给予超势 $W(\phi)$ 的具体函数形式，对于简单的形式，有可能能够解析求解出来。但是对于一些形式比较复杂的超势，或者对于卷曲因子或者标量场势函数有着比较严格的要

求和限制，而使得上述方程比较复杂，则只能通过数值方法求解。

厚膜模型相比薄膜模型，最重要的是其卷曲因子不会像薄膜那样由于引入绝对值函数而出现尖点，从而在整个定义域内是光滑的，并由此使得其能量密度沿着额外维会有一个分部，而不至于如同薄膜那样在膜的位置为出现德尔塔函数而发散。厚膜世界和薄膜世界中卷曲因子的图像我们展示在图 1-3 中，以给大家一个直观的感受。但是需要指出的是，薄膜世界往往可以看作是相同时空背景下的厚膜世界的极限，比如 RS Ⅰ 膜世界模型就可以看作很多背景时空是渐近反德西特时空是否改成 AdS 时空的厚膜世界在膜的厚度趋于零时的极限，他们两者之间有很多性质是相同的，比如我们之后会提到的零模的局域化。当然，厚膜世界由于膜的结果更加复杂丰富，因而会有更多丰富的内容和性质，而薄膜由于简单，往往易于求解。由于对于一些问题，厚膜和薄膜模型往往会给出一致的定性的结论，因此这两者之间可以相互参照印证。

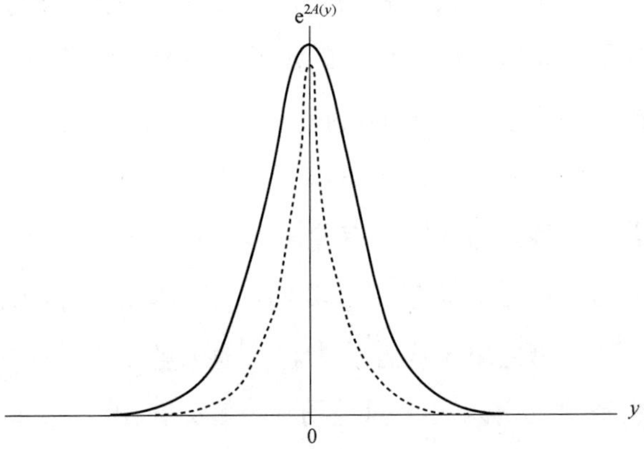

图 1-3　五维时空中厚膜世界与薄膜世界中的卷曲因子的图像
（其中实线表示的是厚膜的卷曲因子，虚线表示的是薄膜的卷曲因子）

当然，之前我们给出的厚膜世界的作用量是最简单的形式，厚膜世界的丰富多彩是令人惊异的：首先，我们可以考虑在修改引力的背景下构建厚膜模型；其次，我们可以考虑不同的势函数，不同的卷曲因子来构建厚膜世界；最后，我们还可以考虑不同的物质场，或者多个物质场（比如多个标量场），甚至多种物质场直接比较相互耦合才产生厚膜世界。厚膜世界的研究是丰富而广阔的，值得我们关注和探究。

目前存在着多种厚膜模型。我们主要关注嵌入在五维 AdS 时空中的标量场生成的厚膜。这个过程可以统一写成

$$S=\int \mathrm{d}^5x\sqrt{-g}\left[\frac{1}{2\kappa_5^2}\mathcal{L}_G+\mathcal{L}_M(g_{MN},\varphi^I,\nabla_M\varphi^I)\right] \tag{1-22}$$

其中，五维引力常数 κ_5 与五维牛顿常数 $G_N^{(5)}$ 和质量尺度 M 的关系为：$\kappa_5^2=8\pi G_N^{(5)}=1/(4M^3)$。为方便起见，将其设置为 1。$\mathcal{L}_G$ 和 $\mathcal{L}_M(g_{MN},\phi^I)$ 是引力和产生厚膜的物质场的拉格朗日量。对于最简单的情况，即广义相对论中的标准正则标量场，我们有

$$\mathcal{L}_G=R \tag{1-23}$$

$$\mathcal{L}_M=-\frac{1}{2}g^{MN}\partial_M\phi\partial_N\phi-V(\phi) \tag{1-24}$$

考虑度规式（1-1），并注意到卷曲因子 $A(y)$ 和标量场 $\phi(y)$ 只是额外维度坐标 y 的函数，可以得到以下爱因斯坦和标量场方程

$$3(\varepsilon H^2\mathrm{e}^{-2A}-A''-2A'^2)=\kappa_5^2\left(\frac{1}{2}\phi'^2+V(\phi)\right) \tag{1-25}$$

$$6(-\varepsilon H^2\mathrm{e}^{-2A}+A'^2)=\kappa_5^2\left(\frac{1}{2}\phi'^2-V(\phi)\right) \tag{1-26}$$

$$4A'\phi'+\phi''=\frac{\partial V(\phi)}{\partial\phi} \tag{1-27}$$

这里，质数表示对 y 求导，德西特膜是否改成 dS 膜和平直膜分别为 $\varepsilon=1$、-1 和 0。

1.3.2.1　GR 中的平直厚膜

首先，我们考虑 GR 中的平直膜。考虑平直膜度规 $\hat{g}_{\mu\nu}=\eta_{\mu\nu}$，设 $\kappa_5=1$，式（1-27）可简化为

$$\frac{\partial V(\phi)}{\partial \phi}=\phi''+4A'\phi' \tag{1-28a}$$

$$6A'^2=\frac{1}{2}\phi'^2-V(\phi) \tag{1-28b}$$

$$A''=-\frac{1}{3}\phi'^2 \tag{1-28c}$$

在这里，可以引入辅助超势$W(\phi)$。它与标量场的势有关

$$V(\phi)=-6W^2(\phi)+\frac{9}{2}\left(\frac{\partial W(\phi)}{\partial \phi}\right)^2 \tag{1-29}$$

因此，我们有

$$\phi'=3\frac{\partial W(\phi)}{\partial \phi},\ A'=-W(\phi) \tag{1-30}$$

显然，对于任意给定的超势$W(\phi)$，可以通过对上述方程的积分得到标量场和卷曲因子。这种方法将有助于 Elko 场的局域化，并将在下一节中进行说明。对于一个简单的超势[37]

$$W(\phi)=c\sin(b\phi) \tag{1-31}$$

膜解被给出[27]

$$\mathrm{e}^{A(y)}=[\cosh(cb^2y)]^{-\frac{1}{3b^2}} \tag{1-32a}$$

$$\phi(y)=\frac{2}{b}\arctan\tanh\left(\frac{3}{2}cb^2y\right) \tag{1-32b}$$

这里，b 和 c 是与膜厚度相关的参数。为了简单起见，我们总是定义参数$\frac{1}{3b^2}=\bar{b}$和$cb^2=a$。因此，膜解为

$$A(y)=-\bar{b}\ln\cosh(ay) \tag{1-33a}$$

$$\phi(y)=\phi_0\arctan\tanh\left(\frac{3ay}{2}\right) \tag{1-33b}$$

其中$\phi_0=2\sqrt{3\bar{b}}$。

此外，通过考虑度规式（1-3），我们也可以在(x_μ,z)坐标下解爱因斯坦和标量场方程。z 坐标下的平直厚膜解[32,64]

$$\phi=\phi_0\arctan^n(\kappa z),\quad A(z)=\frac{1}{2}\ln[(1+(\kappa z)^{2n})^{1/n}G^2(z)] \tag{1-34}$$

式中，$\phi_0=\frac{\sqrt{3(2n-1)}}{n}$，其中 n=1，3，5，…。标量场势非常复杂，本书不再展示。函数 $G(z)$ 可以设为 1。因此，卷曲因子被简化为 $A(z)=-\frac{1}{2n}\ln[1+(\kappa z)^{2n}]$，接近大 z 处的 RSⅡ解。

1.3.2.2　GR（dS/AdS）厚膜

其次，我们展示了 dS/AdS 膜解[34,77]

$$A(y)=-\frac{1}{2}\ln[sa^2(1+\Lambda_4)\sec^2\bar{y}] \tag{1-35a}$$

$$\phi(y)=\frac{1}{b}\text{arcsinh}(\tan\bar{y}) \tag{1-35b}$$

$$V(\phi)=\frac{3}{4}a^2(1+\Lambda_4)[1+(1+3s)\Lambda_4]\cosh^2(b\phi)-3a^2(1+\Lambda_4)^2\sinh^2(b\phi) \tag{1-35c}$$

注意，在此解中，κ_5 被设置为 $\kappa_5=2$。其中 Λ_4 为 dS_4/AdS_4 膜的四维宇宙学常数，与参数 H 的关系为 $\Lambda_4=\pm3H^2$。参数 a、s 和 b 是实数，$s\in(0,1]$，$b=\sqrt{\frac{2(1+\Lambda_4)}{3(1+(1+s)\Lambda_4)}}$ 和 $\bar{y}\equiv a(1+\Lambda_4)y$。厚膜在范围 $\bar{y}\in\left(-\frac{\pi}{2},\frac{\pi}{2}\right)$ 内扩展。

此外，另一种 AdS 厚膜解

$$A(z)=-\delta\ln\left|\cos\left(\frac{\beta}{\delta}z\right)\right| \tag{1-36a}$$

$$\phi(z)=\phi_0\,\text{arcsin h}\left(\tan\left(\frac{\beta}{\delta}z\right)\right) \tag{1-36b}$$

发现了潜在的[31,74]

$$V(\phi)=-\frac{3(1+3\delta)\beta^2}{2\delta}\cosh^{2(1-\delta)}\left(\frac{\phi}{\varphi_0}\right) \quad (1\text{-}37)$$

其中 $\phi_0\equiv\sqrt{3\delta(\delta-1)}$，且额外维度的范围为 $-z_b\leqslant z\leqslant z_b$，且 $z_b=\left|\frac{\delta\pi}{2\beta}\right|$。参数 δ 满足 $\delta>1$ 或 $\delta<0$。我们只考虑 $\delta>1$ 的情况，因为只有当 $\delta>1$ 时，才存在一个厚膜，它位于 z=0 附近。与之前的解不同，卷曲因子 $e^{2A(z)}$ 将在边界 $z=\pm z_b$ 处发散。

1.3.2.3 非最小耦合理论中的厚膜

以上的厚膜解都是在一般重力下。讨论了非最小耦合标量场与标量曲率产生的厚膜[36-37,43]。拉格朗日定理是

$$\mathcal{L}=F(\phi)R+\mathcal{L}_M \quad (1\text{-}38)$$

对于物质，拉格朗日 $\mathcal{L}_M$ 与（1-24）相同。$F(\phi)$ 是标量场 ϕ 的函数。考虑平直膜度规和耦合函数 $F(\phi)=\frac{1}{2}(1-\xi\phi^2)$，得到爱因斯坦方程

$$V(\phi)=-\frac{3}{2}\left(\frac{1}{2}-\frac{1}{2}\varepsilon\varphi^2\right)(2A'^2+A'')+\frac{7}{2}\varepsilon A'\varphi'\varphi+\varepsilon\varphi''\varphi+\varepsilon\varphi'^2 \quad (1\text{-}39a)$$

$$\frac{1}{2}\phi'^2=-\frac{3}{2}\left(\frac{1}{2}-\frac{1}{2}\varepsilon\phi^2\right)A''-\frac{1}{2}\varepsilon A'\varphi'\varphi+\varepsilon\varphi''\varphi+\varepsilon\varphi'^2 \quad (1\text{-}39b)$$

标量场的解为[36,37,43]

$$\phi(y)=\phi_0\tan(ay) \quad (1\text{-}40)$$

通过选择卷曲因子为

$$e^{A(y)}=[\cosh(ay)]^{-\gamma} \quad (1\text{-}41)$$

这里，$\gamma=2\left(\frac{1}{\xi}-6\right)$ 和 $\phi_0=a^{-1}\phi(0)=\sqrt{\frac{3(1-6\xi)}{\xi(1-2\xi)}}$ 参数 ξ 满足 $0<\xi<1/6$，使得 $\gamma>0$。注意，这个卷曲因子具有与式（1-32a）相同的形式。

1.3.2.4 六维时空中的类弦缺陷

最后，我们将回顾六维时空中的类弦解。文献［121］对 Elko 场的局域

进行了考虑。六维类弦模型的度规写为

$$ds_6^2 = A(r)\eta_{\mu\nu}dx^\mu dx^\nu + dr^2 + B(r)d\theta^2 \tag{1-42}$$

在这里，翘曲因子 A 和 B 取决于径向坐标 r，它被限制为 $r \in [0,\infty)$ 。角坐标范围为 $\theta \in [0,2\pi]$ 。一种称为类弦缺陷（Gherghetta and Shaposhnikov（GS） string）的解由文献［54，121］给出

$$A_{GS}(r) = e^{-cr},\quad B_{GS}(r) = R_0^2 A_{GS}(r) \tag{1-43}$$

其中，参数 c 为正常数，$c^2 = -\frac{2}{5}\frac{\Lambda}{M_6^4}$，$R_0$ 为正参数。此外，作者还介绍了以下解

$$A_{HC} = e^{-cr+\tan(cr)},\quad B_{HC} = \left(\frac{\tan(cr)}{c}\right)^2 A_{HC}(r) \tag{1-44}$$

它被称为 Hamilton string-cigar（HC），以解决一些涉及规律性和能量条件的问题。

1.3.3 物质场在膜世界上的局域化

之前我们已经简单介绍了薄膜模型和厚膜模型，可以看到额外维理论模型是丰富多彩的。不过，不论怎样的额外维理论，都必须解决一个问题，那就是为什么我们感觉不到额外维的存在。这个问题不解决，再“漂亮”的理论都是站不住脚的。最早的 KK 理论，是通过将额外维卷曲成普朗克尺度的圆圈来解决这个问题的。不过这种构建不能给出任何新的物理预言，而且也面临着为什么额外维会卷曲得那么小的质疑。其后的 ADD 模型则是人为限制和要求物质场局域在膜上不沿着额外维传播来解释我们一般的实验观测不到额外维的存在，只有通过更加精细的引力实验，可以揭开额外维的面纱。不过这种人为的要求总归不是自然的结果。更加让人信服的理论是，通过某种机制，使得原本在高维时空中传播的物质场，其低能的态能够长时间停留在膜的位置上，从而使得我们可以将其作用量约化下来得到四维的有效作用

量，而高能的态则往往由于沿着额外维自由传播，从而无法约化下来得到四维的有效作用量。这种高维的物质场能够长时间停留在膜的位置上的性质我们称之为物质场子膜上的局域化。

高维粒子在四维时空中的表现我们称之为 KK 粒子。可以说，KK 粒子是四维时空中高维时空的信息的携带者，通过研究 KK 粒子，我们可以了解到很多额外维的信息，也是我们寻找额外维的关键，这是由于，通过狭义相对论的质能关系：$p_\mu p^\mu = -m^2$ 可以看出质量也是动量的表现形式，而高维粒子携带的高维动量，其额外维的动量在四维时空中就可以看作是质量，我们称之为 KK 质量。研究物质场的局域化，就是研究哪些 KK 质量的 KK 粒子可以在膜上局域化。通常来说，对于一般的物质场，我们总是期望其零模，即是 KK 质量为零的 KK 粒子可以局域化在膜上，这是因为零模代表了四维质量为零的粒子，一旦零模可以局域化，则场论中的标准模型便可以在膜上建立起来，而各种粒子的质量可以通过希格斯机制产生，从而保证膜世界与现有场论的一致性。另一方面，研究有质量的 KK 粒子的局域化则能给予我们更多的信息。首先，高质量的 KK 可以被局域化在膜上（甚至是准局域化在膜上）预言当我们的粒子实验的能量进一步提高时，有可能发现标准模型没有包含的重质量的粒子，这些粒子极有可能是携带了高维时空信息的 KK 粒子，通过研究其质量谱，可以帮助我们了解额外维的结构，个数等等一系列信息。欧洲大型粒子对撞机 LHC 的任务之一，就是通过高能粒子实验来寻找额外维存在的证据。其次，通过物质场的局域化，还可能解决一系列物理学的疑难，比如通过研究费米场在 RSⅠ模型中的局域化就可以解决费米子三代轻子的质量层次问题。

研究物质场的局域化，通常是从高维时空的物质场出发，变分得到物质场的运动方程，通过带入膜世界度规以及分离变量（这个过程我们一般称之为 KK 分解），得到物质场的四维的运动方程，以及 KK 粒子关于额外维的类薛定谔方程。通过研究该类薛定谔方程，并结合通过将物质场五维作用量约化到四维有效作用量得到的归一化条件，来得到物质场的局域化性质。下面我们通过以五维时空中质量为零的自由标量场为例，来展示研究物质场局域化的过程。

考虑五维时空中一个质量为零的自由的标量场，其作用量为

$$S_0 = -\int d^5x\sqrt{-g}\,\frac{1}{2}g^{MN}\partial_M\Phi\partial_N\Phi \tag{1-45}$$

这里 g^{MN} 为五维时空度规，而 M, N 为五维时空指标。在研究物质场的局域化时，为了简单起见，我们往往考虑引入共形平直度规。通过坐标变换 $dz = e^{-A}dy$，则膜世界度规（1-1）可变为下面的共形平直形式

$$ds^2 = e^{2A(z)}(\hat{g}_{\mu\nu}dx^\mu dx^\nu + dz^2) \tag{1-46}$$

这里的 $\hat{g}_{\mu\nu}$ 为四维膜上的度规，μ、ν 则一般指四维膜上的时空指标。将上述度规带入标量场作用量，变分可得到标量场的运动方程有

$$\frac{1}{\sqrt{-\hat{g}}}\partial_\mu(\sqrt{-\hat{g}}\hat{g}^{\mu\nu}\partial_\nu\Phi) + e^{-3A}\partial_z(e^{3A}\partial_z\Phi) = 0 \tag{1-47}$$

接着，我们将标量场的四维部分和额外维部分考虑成两个彼此不相关的部分，即将标量场的四维部分和额外维部分分开，这种分解我们称之为 KK 分解，引入如下 KK 分解

$$\Phi(x,z) = \sum_n \phi_n(x)\chi_n(z)e^{-3A/2} \tag{1-48}$$

将上面分解带入标量场运动方程，注意到四维部分和额外维部分彼此无关，则可得到方程

$$\frac{\frac{1}{\sqrt{-g}}\partial_\mu(\sqrt{-\hat{g}}\hat{g}^{\mu\nu}\partial_\nu\phi_n(x))}{\phi_n(x)} = \frac{\left[-\partial_z^2 + \frac{3}{2}\partial_z A + \frac{9}{4}(\partial_z A)^2\right]\chi_n(z)}{\chi_n(z)} \tag{1-49}$$

很明显上述方程恒等于一个常数，我们将这个常数就记为 m_n^2，即为 KK 粒子的四维质量，由此我们便可以得到标量场四维部分满足的克莱因-高登方程

$$\frac{1}{\sqrt{-g}}\partial_\mu\left(\sqrt{-\hat{g}}\hat{g}^{\mu\nu}\partial_\nu\phi_n(x)\right) = m_n^2\phi_n(x) \tag{1-50}$$

以及额外维满足的类薛定谔方程

$$[-\partial_z^2 + V_0(z)]\chi_n(z) = m_n^2 \chi_n(z) \tag{1-51}$$

这里的有效势函数 V_0 为 $V_0(z) = \frac{3}{2}\partial_z^2 A + \frac{9}{4}(\partial_z A)^2$。通过求解上面关于额外维的类薛定谔方程，便可以求得标量场 KK 粒子的质量谱，得到标量场 KK 粒子的局域化性质。从标量场的五维作用量出发，将 KK 分解带入，并且考虑额外维部分满足的类薛定谔方程，并将额外维部分积掉，我们可以得到四维零质量的标量场和一系列有质量的标量场的作用量

$$S = -\frac{1}{2}\sum_n \mathrm{d}^4x\sqrt{-\hat{g}}(\hat{g}^{\mu\nu}\partial_\mu\phi_n\partial_\nu\phi_n + m_n^2\phi_n^2) \tag{1-52}$$

想要得到上面作用量我们需要引入如下归一化条件

$$\int \mathrm{d}z \chi_m(z)\chi_n(z) = \delta_{mn} \tag{1-53}$$

也就是说只有满足的归一化条件的 χ_n 的解才能局域化在膜上。

接下来，我们回顾了厚膜上狄拉克费米场的局域化。与标量场不同，自由无质量狄拉克费米场很难局域化。因此，引入了狄拉克费米场与背景场之间的相互作用。狄拉克费米场的一般作用量为[52]

$$S_{\frac{1}{2}} = \int \mathrm{d}^5x\sqrt{-g}[F_1\bar{\boldsymbol{\Psi}}\boldsymbol{\Gamma}^M D_M\boldsymbol{\Psi} + \lambda F_2\bar{\boldsymbol{\Psi}}\boldsymbol{\Psi} + \eta\bar{\boldsymbol{\Psi}}\boldsymbol{\Gamma}^M(\partial_M F_3)\gamma^5\boldsymbol{\Psi}] \tag{1-54}$$

其中，F_1、F_2 和 F_3 为背景标量场 $\boldsymbol{\Phi}^I$ 和/或里奇标量 R 的函数，λ 和 η 为耦合常数，$\boldsymbol{\Gamma}_M$ 为弯曲时空中满足 $\{\boldsymbol{\Gamma}^M, \boldsymbol{\Gamma}^N\} = 2g^{MN}$ 的伽马矩阵。协变导数 $D_M = \partial_M + \omega_M$，自旋联络 ω_M 定义为

$$\omega_M = \frac{1}{4}\omega_M^{\overline{MN}}\boldsymbol{\Gamma}_{\bar{M}}\boldsymbol{\Gamma}_{\bar{N}} \tag{1-55}$$

和

$$\omega_M^{\overline{MN}} = \frac{1}{2}\mathrm{e}^{N\dot{M}}(\partial_M \mathrm{e}_{\bar{N}}^N) - \frac{1}{2}\mathrm{e}^{N\bar{N}}(\partial_M \mathrm{e}_{\bar{M}}^M - \partial_N \mathrm{e}_{\bar{M}}^M) - \frac{1}{2}\mathrm{e}^{P\bar{M}}\mathrm{e}^{Q\bar{N}}\mathrm{e}^{\bar{R}}(\partial_P \mathrm{e}_{Q\bar{R}} - \partial_Q \mathrm{e}_{P\bar{R}}) \tag{1-56}$$

其中，$\mathrm{e}_{\bar{M}}^M$ 为向量，满足关系 $g^{MN} = \mathrm{e}^M{}_{\bar{M}}\mathrm{e}_{\bar{N}}^N\eta^{\overline{MN}}$。这里，大写字母的障碍

是 $\bar{M}$，$\bar{N}$，…表示五维局域洛伦兹指标。因此，伽马矩阵 $\boldsymbol{\Gamma}^M$ 通过 $\boldsymbol{\Gamma}^M = \mathrm{e}^M{}_{\bar{M}}\boldsymbol{\Gamma}^{\bar{M}}$ 与 $\boldsymbol{\Gamma}^{\bar{m}} = (\boldsymbol{\Gamma}^{\bar{\mu}}, \boldsymbol{\Gamma}^5) = (\gamma^{\bar{\mu}}, \gamma^5)$ 有关。度规（1-3）的自旋联络（1-55）的非消失分量为

$$\omega_\mu = \frac{1}{2}(\partial_z A)\gamma_\mu\gamma_5 + \hat{\omega}_\mu \tag{1-57}$$

$\hat{\omega}_\mu$ 膜上的自旋联络。考虑上述自旋联络，可以得到五维狄拉克方程

$$[\gamma^\mu\partial_\mu + \hat{\omega}_\mu + \gamma^5(\partial_z + 2\partial_z A) + \mathcal{F}(z)]\boldsymbol{\Psi} = 0 \tag{1-58}$$

其中

$$\mathcal{F}(z) = \lambda \mathrm{e}^{A(z)}\frac{F_2}{F_1} + \eta\frac{\partial_z F_3}{F_1} \tag{1-59}$$

对于五维狄拉克费米场 $\boldsymbol{\Psi}$，可以引入以下的手性分解

$$\boldsymbol{\Psi}(x,z) = e^{-2A(z)}\sum_n[\boldsymbol{\psi}_{Ln}(x)f_{Ln}(z) + \boldsymbol{\psi}_{Rn}(x)f_{Rn}(z)] \tag{1-60}$$

这里，$\boldsymbol{\psi}_{Ln}$ 和 $\boldsymbol{\psi}_{Rn}$ 是狄拉克费米场的左手性和右手性分量，满足 $\gamma^5\boldsymbol{\psi}_{Ln} = -\boldsymbol{\psi}_{Ln}$ 和 $\gamma^5\boldsymbol{\psi}_{Rn} = \boldsymbol{\psi}_{Rn}$。它们满足四维狄拉克收到方程

$$\gamma^\mu(\partial_\mu + \hat{\omega}_\mu)\boldsymbol{\psi}_{Ln}(x) = m_n\boldsymbol{\psi}_{Rn}(x) \tag{1-61a}$$

$$\gamma^\mu(\partial_\mu + \hat{\omega}_\mu)\boldsymbol{\psi}_{Rn}(x) = m_n\boldsymbol{\psi}_{Ln}(x) \tag{1-61b}$$

其中 m_n 是四维狄拉克费米场 $\boldsymbol{\psi}_{Ln}(x)$ 和 $\boldsymbol{\psi}_{Rn}(x)$ 的质量。因此，可以得到 KK 模 $f_{Ln,Rn}$ 的耦合方程

$$[\partial_z - F(z)]f_{Ln} = +m_n f_{Rn} \tag{1-62a}$$

$$[\partial_z + F(z)]f_{Rn} = -m_n f_{Ln} \tag{1-62b}$$

考虑狄拉克费米场的手性零模，即 $m_0 = 0$ 时，可由上式得到解

$$f_{L0,R0} \propto \mathrm{e}^{\pm\int \mathrm{d}z F(z)} \tag{1-63}$$

对于大质量的 KK 模，我们可以将式（1-62）重写为如下的类薛定谔方程

$$[-\partial_z^2 + V_L(z)]f_{Ln} = m_n^2 f_{Ln} \tag{1-64}$$

$$[-\partial_z^2 + V_R(z)]f_{Rn} = m_n^2 f_{Rn} \tag{1-65}$$

有效势是由

$$V_{L,R}(z)=\mathcal{F}^2(z)\pm\partial_z\mathcal{F}(z) \tag{1-66}$$

通过超对称量子力学，可以将上述类薛定谔方程可以用 $K=\partial_z-\mathcal{F}(z)$ 分解为 $\mathcal{K}^\dagger\mathcal{K}f_{Ln}=m_n^2f_{Ln}$ 和 $\mathcal{K}\mathcal{K}^\dagger f_{Rn}=m_n^2f_{Rn}$。因此，我们确保质量的平方是非负的。最后，从五维狄拉克作用式（1-54）中得到无质量狄拉克费米场和一系列有质量狄拉克费米场的有效作用

$$S_{\frac{1}{2}}=\sum_n\mathrm{d}^4x\sqrt{-\hat{g}}\,\overline{\psi}_n[\gamma^\mu(\partial_\mu+\hat{\omega}_\mu)-m_n]\boldsymbol{\psi}_n \tag{1-67}$$

我们需要引入以下 KK 模 $f_{Ln,Rn}$ 的正交性条件

$$\int_{-\infty}^{+\infty}F_1f_{Lm}f_{Ln}\mathrm{d}z=\int_{-\infty}^{+\infty}F_1f_{Rm}f_{Rn}\mathrm{d}z=\delta_{mn}\,,\ \int_{-\infty}^{+\infty}F_1f_{Ln}f_{Rn}\mathrm{d}z=0 \tag{1-68}$$

它通常用于检查费米子 KK 模是否可以局域在膜上。

从上面的例子可以看出，研究物质场局域化性质的关键在于得到其关于额外维的类薛定谔方程，求其质量谱，并找出满足归一化条件的解，考虑到膜世界（尤其是厚膜世界）模型十分丰富，加上各式各样的物质场，研究物质场在膜上的局域化可以说是一个非常广阔又十分有意义的课题。目前我们已经知道，一般引力[4,5,22]和无质量的标量场[23]可以局域化在各种类型的膜世界模型上。然而自旋为 1 的阿贝尔矢量场却不能局域化在五维的 RS 模型上，只能在六维的 RS 模型和一些厚膜模型上局域化[24-27]。自旋为 1/2 的狄拉克费米场的局域化性质十分有趣。在某些膜世界模型中，通过标量-费米耦合，费米场的零模可以局域化在膜上[28-36]，在这之上是具有连续质量谱的 KK 模式。而在另外一些厚膜模型中，费米场的 KK 模式质量谱中存在分离的 KK 模式，并且从某一正值开始出现连续的质量谱[26,27,37-40]。而在文献［41，42］中，费米场在一些对称的和不对称的厚膜上，以及在 AdS 厚膜都具有一系列可束缚在膜上的 KK 模式。此外，在某些厚膜上还发现存在费米场 KK 粒子的共振态，这些共振态的寿命依赖于膜的结构，费米场与背景标量场间的汤川耦合，以及它们的耦合系数[38,41,43-48]。

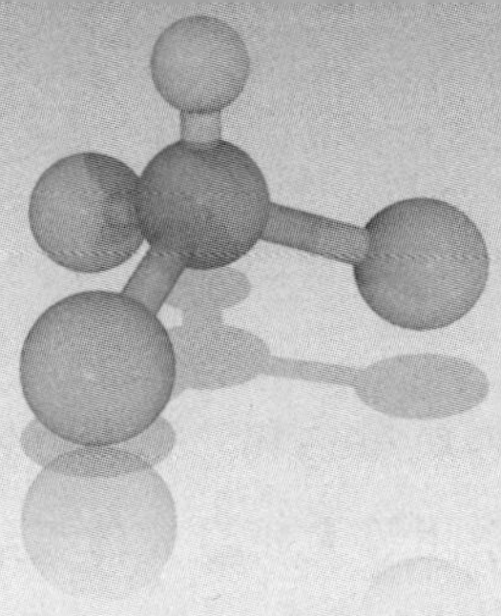

第 2 章　超越标准模型的物质场

2.1　暗物质模型的候选者——Elko 场

2.1.1　暗物质问题

暗物质是天文学和宇宙学领域中一个核心且神秘的构成要素。从定义和基本性质来看，暗物质是一种不参与电磁相互作用的物质，因此它既不发射也不吸收光，从而无法通过光学或电磁学手段直接观测。然而，暗物质通过引力作用与其他物质相互作用，这种特性使其在宇宙中产生显著的引力效应，尽管其直接观测极具挑战性。

暗物质的发现历程可追溯至 1933 年，当时瑞士裔美国天文学家弗里茨・茨维基在研究后发座星系团时，通过维理定理推断出星系团中暗物质的数量远超发光星系，这一发现标志着暗物质研究的重要起点。20 世纪 70 年代，肯特・福特和维拉・鲁宾对仙女座星系中星体旋转速度的研究进一步证实了暗物质的存在，他们发现星系外围星体的旋转速度异常恒定，这与仅由可见物质产生的引力预期不符。

星系旋转曲线是证明暗物质存在的关键证据之一。根据牛顿万有引力定律，星系外围星体的速度应随距离中心的增加而减小。然而，观测显示许多星系外围星体的速度在较大范围内保持不变，暗示星系中存在大量不可见的暗物质，其质量远超发光星体质量总和。引力透镜效应也为暗物质的存在提供了有力证据，观测到的星系团等大质量天体系统的引力透镜效应远超仅由可见物质预期的效果，表明存在额外的不可见物质，即暗物质。此外，宇宙微波背景辐射的温度涨落分布包含了宇宙早期物质分布的信息，精确测量和分析这些数据可以计算出宇宙中暗物质的含量，与星系和星系团观测结果相互印证。

在暗物质的候选粒子方面，弱相互作用大质量粒子（WIMPs）是目前最受关注的候选者之一。这类粒子与普通物质的相互作用极为微弱，主要通过弱相互作用进行，质量通常在质子质量的 100～1 000 倍之间，如超对称理论中的“超中性子”和“超引力子”。轴子也是一种假设的基本粒子，质量极小，约为质子质量的 100 万亿分之一，但由于其与电磁相互作用极弱，也被认为是暗物质的潜在候选者。原初黑洞，即宇宙早期形成的黑洞，也是暗物质可能的组成部分，其质量范围广泛，可能从小于 1 克到数百万倍太阳质量不等。

暗物质可能以粒子或物质形态存在于额外维度中，额外维度的存在为暗物质提供了新的空间，使其能够避开与电磁辐射的相互作用，从而解释了为何无法直接观测到暗物质。因为引力能在不同维度传播，暗物质能通过引力作用影响我们所在膜上的物质，导致星系旋转曲线、引力透镜效应等天文观测中的异常现象，间接证实了暗物质的存在。膜世界理论为暗物质探测提供了新的思路，科学家可以尝试寻找引力在额外维度中的传播效应或与额外维度相关的物理现象，以间接探测暗物质的存在和性质。

在相关研究与实验方面，大型强子对撞机（LHC）实验是一个重要环节。科学家期望通过高能粒子碰撞实验产生可能与暗物质相关的粒子或信号，例如寻找超对称粒子等假设的暗物质候选者。引力探测实验也具有重要作用，通过精确测量引力的传播和作用，寻找引力在额外维度中的异常表现。天文观测也在不断深入，通过研究星系的形成、演化以及宇宙大尺度结构的分布，能够更好地了解暗物质在宇宙中的分布和作用。对引力透镜效应、宇宙微波背景辐射进行精确测量，可以获取更多关于暗物质和膜世界的信息。

暗物质的研究具有重大意义，它是现代宇宙学标准模型的基石之一，对于理解宇宙结构的形成、宇宙的演化以及宇宙的最终命运等重大问题都至关重要。暗物质占据了宇宙总质量的约 26.8%，其引力作用对星系、星系团等宇宙结构的形成和运动产生了影响，并且与暗能量共同主导着宇宙的演化。尽管科学家们已经通过各种间接手段积累了大量关于暗物质存在的证据，但迄今为止，我们尚未直接探测到暗物质粒子本身。全球的科研团队正在采用多种探测方法，包括地下实验室的直接探测实验、大型强子对撞机的粒子对撞实验，以及通过太空望远镜的间接观测等，以寻找暗物质粒子的踪迹，揭开暗物质的神秘面纱。

2.1.2　Elko 场

如今在引力理论领域里，最受关注的课题莫过于“两暗一黑”，即暗物质、暗能量和黑洞。大量的观测数据（如著名的星系旋转曲线）提供了在我们的宇宙中存在着大量“隐藏”的物质——暗物质的证据。目前我们对暗物质的认识仍然十分有限，普遍认为暗物质一定是电中性的，并且与标准模型中的其他物质间的相互作用很弱（因此暗物质无法用常规的手段直接观测到），但是暗物质自身具有相互作用。同时暗物质可能会耦合于一个特殊的方向，即所谓的“邪恶轴心”（“邪恶轴心”是指天文观测中，宇宙微波背景辐射的平均温度在某个半球（曲线左上侧）要比另一个半球（曲线右下侧）略低一些，而理论上，宇宙学观测在大尺度上应当是各向同性的）。暗物质的各种奇特的性质吸引着无数学者对其进行各种探索和研究。

目前，解释暗物质（也包括暗能量）的研究方向主要有两种，一种是通过修改引力理论来解释暗物质和暗能量的现象，即认为暗物质实际上并不是一种物质，而是引力理论在宇宙学这样大的尺度上会偏离广义相对论，或者说认为广义相对论只是真实的引力理论在相对小尺度上的近似。而另外一种研究方向就是通过研究已知物质的新的性质或者构建新的物质（场）来描述暗物质，这些物质（场）我们便称之为暗物质的候选者，目前比较流行的暗物质的候选者有弱相互作用有质量粒子（WIMPs）、轴子（Axions）与轴微子（Axinos）等，但是这些候选者在能满足和解释一部分观测数据的同时，又存在一些不足。

2005 年，Ahluwalia 和 Grumiller 介绍了一种新的带一个质量量纲的自旋为 1/2 的费米量子场[49-50]。该物质场的德语名字为 Eigenspinoren des Ladungskonjugationsoperators（Elko），即电荷共轭算符的本征旋量。Elko 场不能展开成温伯格的经典形式，它属于非经典维格纳类[49,51]。Elko 可以从超狭义相对论中推导出来[52]，并且满足 $(CPT)^2=-\mathbb{I}$ 这一反常性质。从其名字可以看出，Elko 场为其电荷共轭算符的本征旋量，这里的电荷共轭算符 C 的定义式为

$$C=\begin{pmatrix} \mathbb{O} & i\Theta \\ -i\Theta & \mathbb{O} \end{pmatrix}K \tag{2-1}$$

这里 K 是复共轭算符，而 Θ 为自旋二分之一的维格纳时间反演算符，其满足 $\Theta(\vec{\sigma}/2)\Theta^{-1}=-(\vec{\sigma}/2)^*$。由此，$\Theta$ 的形式可以被取为

$$\Theta=\begin{pmatrix} 0 & -1 \\ 1 & 0 \end{pmatrix} \tag{2-2}$$

Elko 满足电荷共轭算符 C 的本征方程：$C\lambda(k^\mu)=\pm\lambda(k^\mu)$（$k^\mu$ 为极化四动量矢量）。注意到本征方程中的正负号，其中正号产生自共轭旋量，我们标记其为 $\varsigma(k^\mu)$，负号产生反自共轭旋量，我们标记其为 $\tau(k^\mu)$。接着，我们进一步标记两种可能的螺旋度本征态为 $\chi_\pm(k^\mu)$。则我们可以写出四种 Elko 旋量为

$$\varsigma_\pm(k^\mu)=\begin{pmatrix} \mathrm{i}\Theta[\chi_\pm(k^\mu)]^* \\ \chi_\pm(k^\mu) \end{pmatrix},\quad \tau_\pm(k^\mu)=\pm\begin{pmatrix} -\mathrm{i}\Theta[\chi_\mp(k^\mu)]^* \\ \chi_\mp(k^\mu) \end{pmatrix} \tag{2-3}$$

这里 $\chi_\pm(k^\mu)$ 的形式为

$$\chi_+(k^\mu)=\mathrm{e}^{-\mathrm{i}\phi/2}\sqrt{m}\begin{pmatrix}1\\0\end{pmatrix},\quad \chi_-(k^\mu)=\mathrm{e}^{\mathrm{i}\phi/2}\sqrt{m}\begin{pmatrix}0\\1\end{pmatrix} \tag{2-4}$$

我们常常通过一个与电荷共轭算符 C 匹配的变换算符 Γ 将极化四动量 k^μ 变为一般的四动量 $p^\mu(E, p\sin\theta\cos\phi, p\sin\theta\cos\phi, p\cos\theta)$ 并将此时的 Elko 旋量记为 $\lambda(p^\mu)$。算符 Γ 的形式为[52]

$$\Gamma=\begin{pmatrix}\sqrt{\dfrac{m}{E-p_z}} & \dfrac{p_z-ip_y}{\sqrt{m(E-p_z)}} & 0 & 0\\ 0 & \sqrt{\dfrac{E-p_z}{m}} & 0 & 0\\ 0 & 0 & \sqrt{\dfrac{E-p_z}{m}} & 0\\ 0 & 0 & -\dfrac{p_x+ip_y}{\sqrt{m(E-p_z)}} & \sqrt{\dfrac{m}{E-p_z}}\end{pmatrix} \tag{2-5}$$

我们可以通过取无质量极限从 $\lambda(p^\mu)$ 的形式中得到四维无质量的 Elko 场，会发现在无质量极限下 $\varsigma_+(p^\mu)$ 和 $\tau_+(p^\mu)$ 会消失而 $\varsigma_-(p^\mu)$ 和 $\tau_-(p^\mu)$ 不会。

Elko 旋量的对偶旋量量我们记为

$$\overset{\neg}{\varsigma}_\pm(p^\mu)=\pm[\varsigma_\mp(p^\mu)]^\dagger\gamma^0,\quad \overset{\neg}{\tau}_\pm(p^\mu)=\pm[\tau_\mp(p^\mu)]^\dagger\gamma^0 \tag{2-6}$$

Elko 旋量并不满足一般的狄拉克方程，当狄拉克算子 $\gamma^\mu p_\mu$ 作用到 Elko 旋量上时，结果为

$$\gamma_\mu p^\mu\varsigma_\pm(p^\mu)=\mp m\varsigma_\mp(p^\mu),\ \gamma_\mu p^\mu\tau_\pm(p^\mu)=\pm m\tau_\mp(p^\mu) \tag{2-7}$$

这里我们将伽马矩阵 γ^μ 的具体形式选为以下形式

$$\gamma^0=\begin{pmatrix}\mathbb{O} & -\mathrm{i}\mathbb{I}\\ -\mathrm{i}\mathbb{I} & \mathbb{O}\end{pmatrix},\gamma^i=\begin{pmatrix}\mathbb{O} & \mathrm{i}\sigma^i\\ -\mathrm{i}\sigma^i & \mathbb{O}\end{pmatrix},\gamma^5=\begin{pmatrix}\mathbb{I} & \mathbb{O}\\ \mathbb{O} & -\mathbb{I}\end{pmatrix} \tag{2-8}$$

很明显，伽马矩阵 γ^μ 满足方程：$\{\gamma^\mu,\gamma^\nu\}=2\eta^{\mu\nu}\mathbb{I}$，这里 $\eta^{\mu\nu}$ 为一般四维平直时空的闵氏度规 $\eta^{\mu\nu}=\mathrm{diag}(-,+,+,+)$ 一步可以看出当 γ^5 作用到四种类型的 Elko 旋量上时会得到

$$\gamma^5\varsigma_\pm(p^\mu)=\pm\tau_\mp(p^\mu),\ \gamma^5\tau_\pm(p^\mu)=\pm\varsigma_\mp(p^\mu) \tag{2-9}$$

利用傅里叶变换我们可以重新写出这些方程为

$$\gamma^{\mu}\partial_{\mu}\varsigma_{\pm}(x)=\mp \mathrm{i}m\varsigma_{\mp}(x),\ \gamma^{\mu}\partial_{\mu}\tau_{\pm}(x)=\pm \mathrm{i}m\tau_{\mp}(x) \tag{2-10}$$

$$\gamma^{5}\varsigma_{\pm}(x)=\pm\tau_{\mp}(x),\ \gamma^{5}\tau_{\pm}(x)=\mp\varsigma_{\mp}(x) \tag{2-11}$$

我们知道，如果我们考虑狄拉克旋量ψ，则算子$\gamma^{\mu}\partial_{\mu}$作用在其上面时我们有$\gamma^{\mu}\partial_{\mu}\psi\propto\psi$。狄拉克算子可以被看作是“克莱因-高登算子的平方根”，考虑到对于狄拉克方程及其对偶方程，很容易就会有

$$(\gamma_{\mu}p^{\mu}-m\mathbb{I})(\gamma_{\mu}p^{\mu}+m\mathbb{I})=(p_{\mu}p^{\mu}-m^{2}\mathbb{I}) \tag{2-12}$$

而对于 Elko 旋量，虽然 Elko 旋量并不满足狄拉克方程，然后有趣的是，让狄拉克算子连续作用两次，其仍然可以得到同样的结果，我们有

$$\gamma_{\mu}p^{\mu}(\gamma_{\mu}p^{\mu}\varsigma_{\pm}(p^{\mu}))=\mp m\gamma_{\mu}p^{\mu}\varsigma_{\pm}(p^{\mu})=\pm\mp m^{2}\varsigma_{\pm}(p^{\mu})=m^{2}\varsigma_{\pm}(p^{\mu}) \tag{2-13}$$

$$\gamma_{\mu}p^{\mu}(\gamma_{\mu}p^{\mu}\tau_{\pm}(p^{\mu}))=\pm m\gamma_{\mu}p^{\mu}\tau_{\pm}(p^{\mu})=\mp\pm m^{2}\tau_{\pm}(p^{\mu})=m^{2}\tau_{\pm}(p^{\mu}) \tag{2-14}$$

即我们发现 Elko 满足克莱因-高登（KG）方程：$(\eta_{\mu\nu}\partial^{\mu}\partial^{\nu}-m^{2})\lambda(x)=0$。并由此我们可以得到 Elko 旋量在四维平直时空的拉式密度：

$$\mathfrak{L}^{\text{free}}=-\frac{1}{2}\partial^{\mu}\bar{\lambda}\partial_{\mu}\lambda-\frac{1}{2}m^{2}\bar{\lambda}\lambda \tag{2-15}$$

而对于一般的弯曲时空，该拉式密度应该写为[50,53,54]

$$\mathfrak{L}_{\text{Elko}}=-\frac{1}{2}\left[\frac{1}{2}g^{\mu\nu}\left(\mathfrak{D}_{\mu}\bar{\lambda}\mathfrak{D}_{\nu}\lambda+\mathfrak{D}_{\nu}\bar{\lambda}\mathfrak{D}_{\mu}\lambda\right)\right]-V(\lambda\bar{\lambda}) \tag{2-16}$$

这里$V(\lambda\bar{\lambda})$是包含质量项在内的 Elko 场的势函数项而$\mathfrak{D}_{\mu}$为协变导数。进一步我们给出 Elko 场的正交关系，我们有

$$\bar{\varsigma}_{\alpha}(p^{\mu})\bar{\varsigma}_{\alpha'}(p^{\mu})=+2m\delta_{\alpha\alpha'} \tag{2-17}$$

$$\bar{\tau}_{\alpha}(p^{\mu})\bar{\tau}_{\alpha'}(p^{\mu})=-2m\delta_{\alpha\alpha'} \tag{2-18}$$

这里的下标α包含+、−两种可能。如果我们考虑的是狄拉克旋量，标记狄拉克旋量$u_{h}(p^{\mu})$和其反粒子旋量$v_{h}(p^{\mu})$，这里h为螺旋度，取值为$h=\pm\frac{1}{2}$，则我们有

$$(\bar{\mu}_h(p^\mu)u_{h'}(p^\mu)=+2m\delta_{hh'}) \tag{2-19}$$

$$(\bar{v}_h(p^\mu)v_{h'}(p^\mu)=-2m\delta_{hh'}) \tag{2-20}$$

可见这是狄拉克场与 Elko 场满足同样的关系，但是当我们考虑归一关系，交换旋量与对偶旋量的作用顺序时，对狄拉克旋量，我们有

$$\sum_{h=\pm\frac{1}{2}} u_h(p^\mu)\bar{u}_h(p^\mu)=\gamma_\mu p^\mu + m\mathbb{I} \tag{2-21}$$

$$\sum_{h=\pm\frac{1}{2}} v_h(p^\mu)\bar{v}_h(p^\mu)=\gamma_\mu p^\mu - m\mathbb{I} \tag{2-22}$$

而对于 Elko 旋量，其式子则变为

$$\sum_\alpha \varsigma_\alpha(p^\mu)\neg{\varsigma}_\alpha(p^\mu)=m\begin{pmatrix}\mathbb{I} & \mathcal{A}\\ \mathcal{A} & \mathbb{I}\end{pmatrix} \tag{2-23}$$

$$\sum_\alpha \tau_\alpha(p^\mu)\neg{\tau}_\alpha(p^\mu)=m\begin{pmatrix}-\mathbb{I} & \mathcal{A}\\ \mathcal{A} & -\mathbb{I}\end{pmatrix} \tag{2-24}$$

这里的 $\mathcal{A}$ 的表达式为

$$\mathcal{A}=\begin{pmatrix}0 & \lambda^*\\ \lambda & 0\end{pmatrix} \tag{2-25}$$

这里的 λ 为 $\lambda\mathrm{ie}^{\mathrm{i}\phi}$。可见，此时狄拉克场与 Elko 场的差别非常大。最后将上面的式子统一起来得到归一化关系，对狄拉克场，我们有

$$\frac{1}{2}\sum_{h=\pm\frac{1}{2}}[u_h(p^\mu) bar\mu_h(p^\mu)-v_h(p^\mu)\bar{v}_h(p^\mu)]=\mathbb{I} \tag{2-26}$$

而对于 Elko 场，我们有

$$\frac{1}{2m}\sum_\alpha[\neg{\varsigma}_\alpha(p^\mu)\varsigma_{\alpha'}(p^\mu)-\tau_\alpha(p^\mu)\bar{\tau}_\alpha(p^\mu)]=\mathbb{I} \tag{2-27}$$

则狄拉克场与 Elko 场的归一化关系在形式上一致。

从上面的讨论中，我们已经可以看出，Elko 场的性质与狄拉克场的性质在很多方面都有极大的不同，其不满足狄拉克方程，反而满足描述标量场的克莱因-高登方程，这导致了 Elko 的量纲与标量场相同，在四维情况下带一个质量量纲，而不是一般狄拉克费米子带的二分之三的质量量纲。这个结果直接导致了 Elko 场无法参与标准模型中费米子参与的

各种相互作用，但是 Elko 场可以与自身、引力以及希格斯粒子发生相互作用[50]。此外，Elko 是一个非局域的量子场，洛伦兹对称性在 Elko 场这里将会被破坏，这是由于 Elko 场天然存在一个“最优”方向。Elko 场只有在这个方向上是局域的[55-56]。而这一性质也许正好可以用来描述暗物质与“邪恶轴心”的耦合。总之，作为电荷共轭算符的本征旋量，Elko 场天然是电中性的，其量纲的差异导致其与一般物质场不发生相互耦合，但是可以有自相互耦合，而且还具有一个特殊方向，这些似乎都是描述暗物质的最佳性质，因此 Ahluwalia 和 Grumiller 提议把 Elko 场作为暗物质的第一候选者[49-50]。当然 Elko 场不仅可以用来描述暗物质，它在宇宙学中还有很多应用，比如用 Elko 场来解决“视界问题”，或者利用 Elko 场来描述暗能量等。总之 Elko 场的有趣而独特的性质正吸引了越来越多的研究者的目光[53-54,57]。

Elko 被当做暗物质候选者是源于其有趣的性质[49-50]。第一，四维的 Elko 旋量是自旋为 1/2 的费米场，但其量纲为质量量纲 1，这点与量纲为质量量纲 3/2 的通常的狄拉克费米场非常不一样。很明显，质量量纲的不匹配阻止了 Elko 参与标准模型中的费米型耦合，而这也就能解释为什么暗物质与其他标准模型粒子以及电磁辐射相互作用非常弱。

第二，观察数据倾向于支持暗物质具有自相互作用，据我们所知，对于通常的狄拉克费米场来说，自相互作用会被普朗克量级的因子所抑制，而对带一个质量量纲的标量场来说，这种抑制便不会发生。因此标量场也是一种暗物质的候选者。这种情况也同样适用于 Elko 场，因此在四维时空，暗物质的自相互作用可以被以下 Elko 场的自相互作用所描述[52]

$$g_{\Lambda}[\vec{\Lambda}(x)\Lambda(x)]^2 \tag{2-28}$$

这里 g_{Λ} 是一个无量纲耦合常数而 $\Lambda(x)$ 表示 Elko 旋量的量子场（实际上 Elko 的量子场有两种类型）。另一方面，选择一个费米型的暗物质候选者，是有着一个非常重要的优势的。费米型的暗物质使得通过费米简并压来支撑暗物质晕成为可能。在文献［50，52］中，作者甚至给出了 Elko 质量和关

于暗物质晕尺寸的 Chandrasekhar 值的以下关系

$$R_{\mathrm{Ch}} \sim x_{\mathrm{Elko}}^{-2}\, 6.3\times10^{-2}\, pc \tag{2-29}$$

这里 x_{Elko} 是用 keV 做单位的 Elko 质量 m。从这个关系我们可以推断出 $m\sim1$ eV 。

对四维的 Elko 旋量来说，与标准模型中的物质场的耦合唯一没有被抑制的就只有与希格斯粒子的耦合

$$g_{\phi\Lambda}\phi^{\dagger}(x)\phi(x)\overset{\neg}{\Lambda}(x)\Lambda(x) \tag{2-30}$$

这里 $g_{\phi\Lambda}$ 是一个无量纲的耦合常数而 $\phi(x)$ 代表标准模型中的希格斯对[52]。正如我们强调的那样，对于五维 Elko 场而言，只有零模解（四维无质量的 Elko 粒子）可以成功局域化在一部分平直厚膜上。这个结论暗示了通过与希格斯粒子的耦合来生成四维 Elko 旋量的质量是至关重要的。且有文献［78］的研究显示，有可能在 LHC 中观察到 Elko 和希格斯粒子的耦合效应。

第三，对于暗物质来说，有证据指出暗物质耦合于一个特殊的轴，这个轴就是被天文学家称为邪恶轴心的特殊的方向。作为一个非局域化的场，Elko 场只有沿着一个特定的方向才是一个局域的量子场，这个方向在 Elko 平面的垂直方向上[55,56]，这一性质支持了暗物质晕中特殊方向的存在。这也是选择 Elko 场作为暗物质候选者的优势之一。因此 Ahlulwalia 和 Grumiller 提议将 Elko 场作为暗物质的第一候选者。

所有的这些优点都成为了我们研究 Elko 在膜上的局域化性质的动力。

2.2　引力子的伴随粒子——引力微子

2.2.1　超对称理论

超对称理论（Supersymmetry，SUSY）是 20 世纪 70 年代初期在理论物

理学领域提出的一种重要假说。该理论最初由日本物理学家宫沢弘成于 1966 年提出初步构想，后经过多位物理学家的发展，特别是 Wess 和 Zumino 于 1974 年将其应用于四维时空中，这一年被广泛认为是超对称理论正式诞生的标志。超对称理论作为现代物理学中一项极具深度与前瞻性的理论构想，在理论物理研究的广袤领域中占据着独特且关键的地位，其核心要旨在于构建基本粒子与超对称伴粒子之间一种高度精密且富有深意的对称关联架构，进而为攻克物理学领域中一系列长期存在且极为棘手的难题开辟崭新的探索路径与方法论体系。

在超对称理论所构建的抽象而严谨的理论范式之中，对于每一种业已被实验观测所证实且在现有粒子物理学标准模型框架内予以精确定义的基本粒子，均假定存在一种与之相对应且尚未被直接探测到的超对称伴粒子。超对称理论的核心在于建立基本粒子中费米子与玻色子之间的对称性，提出每种基本粒子都存在一个与之对应的超对称伙伴粒子，这些伙伴粒子的自旋与原粒子相差 1/2。例如，电子的超对称伙伴称为超电子（selectron），夸克的超对称伙伴称为超夸克（squark），光子的超对称伙伴称为光微子（photino）。这些超对称伙伴粒子与原粒子在质量与耦合常数上存在明确的对应关系。超对称变换能够实现玻色子与费米子之间的相互转换，这种变换不仅改变粒子的自旋，还影响粒子的位置。

在超对称理论框架下，每种基本粒子都有一种被称为超对称伙伴的粒子与之匹配，这些伙伴粒子的自旋与原粒子相差 1/2，即玻色子的超对称伙伴是费米子，反之亦然。尽管超对称理论自提出以来已逾四十年，实验上仍未观测到任何已知粒子的超对称伙伴，甚至缺乏确凿的间接证据。尽管如此，超对称理论在理论上的非凡魅力使其在理论物理学中的地位持续上升，其概念在物理学的多个前沿领域中均有体现。一个理论观念在缺乏实验支持的情况下能够持续存在并发展近五十年，在理论物理学中实属罕见。若超对称理论被实验证实，其影响力将是巨大的，正如 Weinberg（电弱统一理论的提出者之一）所言，那将是“纯理论洞察力的震撼性成就”。相反，若超对称理论被实验否证，其对理论物理学的冲击也将是深远的。

从基本粒子质量谱的精细结构层面深入剖析，超对称理论提出了一种极具潜力的机制用于阐释希格斯粒子质量的内在稳定性问题。在传统的粒子物理学标准模型框架下，希格斯粒子质量在量子修正效应的强烈影响下，会不可避免地呈现出极大程度的不稳定性，这种不稳定性将导致理论模型在高能区域的严重不自洽性以及与实验观测结果的显著冲突。而超对称理论通过引入超对称伴粒子，巧妙地设计了一种能够在量子层面实现精确抵消有害修正项的机制。具体而言，超对称伴粒子与普通基本粒子在量子场论的复杂相互作用过程中，其各自所贡献的量子修正项在特定的理论约束条件下能够相互抵消，从而使得希格斯粒子质量在理论预期上能够稳定地处于一个与现有实验数据及理论框架相契合的合理区间范围之内，这一机制的提出为有效缓解长期困扰理论物理学界的“等级问题”提供了一种极具吸引力与可行性的解决方案。所谓“等级问题”，其本质在于粒子物理学中电弱相互作用能标与引力相互作用普朗克能标之间所呈现出的巨大数量级鸿沟，这种巨大差异在标准模型框架内难以得到自然而合理的解释，而超对称理论通过对希格斯粒子质量稳定性的保障以及相关量子修正机制的引入，为跨越这一理论困境提供了一座潜在的桥梁。

超对称理论在多个方面具有重要意义和应用。它为解决标准模型中的层级问题提供了可能的解决方案，通过超对称伙伴粒子使得玻色子和费米子的相互作用在不同能标下相互抵消或修正；改善了量子场论的重整化性质，使许多发散项相互抵消，提高了理论计算的可靠性和精确性；为统一强、电磁及弱相互作用等基本相互作用提供了理论支持，使得相关耦合常数在高能下能够汇聚；在宇宙学领域，超对称理论的概念和模型为解释宇宙早期演化、暗物质本质等问题提供了可能的解决方案，例如某些超对称粒子可能是暗物质的候选者。

然而，超对称理论目前也面临诸多挑战。在实验探索方面，尽管有欧洲核子研究中心的大型强子对撞机等先进设备一直在寻找超对称粒子，但至今仍未直接观测到任何超对称粒子的确凿证据，这使该理论面临严峻的考验和质疑。在理论完善方面，超对称的破缺机制问题尚未解决，虽有多种机制被提出，但无一种被广泛认可和完全确定。此外，超对称理论与引力的统一问题以及如何更好地与宇宙学观测相结合，也是当前研究的热点和挑战方向。

综上所述，超对称理论的发展历程与探索进程无疑构成了当代物理学研究领域中一个极具挑战性与吸引力的重要前沿阵地，其最终的理论命运走向以及在实验验证方面的突破与否，都将对我们深刻理解宇宙的基本构成要素、相互作用机制以及演化发展规律产生具有决定性意义的深远影响，因此，持续深入地开展超对称理论相关研究工作具有不可估量的科学价值与深远的历史意义。

2.2.2 引力微子

引力微子是超对称理论中引力子的规范费米子超对称伙伴。它被认为是宇宙学中暗物质的候选者[58-62]。它是一个自旋为 3/2 的费米子，符合RaritaSchwinger 方程。轻引力微子的质量通常被认为在 1 eV 左右[58]，但在其质量的研究中仍然存在一些挑战[61]。它的质量已经使用热暗物质和冷暗物质模型进行了广泛的研究[58,60]，并且在 LHC 上发现轻引力微子的可能性先前也进行了讨论[63]。黑洞附近引力微子的行为也引起了人们的注意[64-67]。此外，引力微子是一种超越 SM 的物质场，具有许多 SM 物质场所不具备的特殊性质。因此，膜中五维引力微子场的局域化是值得关注的，并为我们研究引力微子提供了新的视角。与暗物质的标量场和费米场等物质场相比，关于引力微子场的研究较少且不全面[37,46,68-73]。只有在引入背景质量项时，五维自由引力微子的零模才能局域于类 RS 膜中[69]。在 $D\geqslant5$ 的 D 维时空中，具有耦合项的引力微子的零模可以局域于膜中，其局域化与狄拉克费米子的局域化相似[37,71]。

首先，我们考虑了五维时空中厚膜上自由无质量引力微子场的局域化。

通常，五维线元可以假设如下：

$$ds^2 = g_{MN}dx^M dx^N = e^{2A(y)}\hat{g}_{\mu\nu}(x)dx^\mu dx^\nu + dy^2 \tag{2-31}$$

其中，M 和 N 表示弯曲的五维时空指标，$\hat{g}_{\mu\nu}$ 表示膜上的度规，卷曲因子 $e^{2A(y)}$ 只是额外维度 y 的函数。为方便起见，可以进行如下坐标变换

$$dz = e^{-A(y)}dy \tag{2-32}$$

将度规（2-31）变换为

$$ds^2 = e^{2A(z)}\hat{g}_{\mu\nu}(x)dx^\mu dx^\nu + dz^2 \tag{2-33}$$

自由的、无质量的引力微子场 Ψ 在五维时空中的作用量先前已经给出[37,46,71]

$$S_{\frac{3}{2}} = \int d^5x\sqrt{-g}\bar{\Psi}_M \Gamma^{[M}\Gamma^N\Gamma^{R]}D_N\Psi_R \tag{2-34}$$

对应的运动方程为

$$\Gamma^{[M}\Gamma^N\Gamma^{R]}D_N\Psi_R = 0 \tag{2-35}$$

弯曲五维时空中的狄拉克伽马矩阵 Γ^M 满足 $\Gamma^M = e^M{}_{\bar{M}}\Gamma^{\bar{M}}$。$\Gamma^{\bar{M}}$ 是平直五维时空中的伽马矩阵，$\{\Gamma^{\bar{M}}, \Gamma^{\bar{N}}\} = 2\eta^{\overline{MN}}$，其中 $\bar{M}$ 和 $\bar{N}$ 表示五维局域洛伦兹指数。视域满足 $g_{MN} = e_M{}^{\bar{M}} e_N{}^{\bar{N}} \eta_{\overline{MN}}$，对于度规（2-33），它由

$$e_M{}^{\bar{M}} = \begin{pmatrix} e^A e_\mu{}^{\bar{\mu}} & 0 \\ 0 & e^A \end{pmatrix}, e^M{}_{\bar{M}} = \begin{pmatrix} e^{-A}e^\mu{}_{\bar{\mu}} & 0 \\ 0 & e^{-A} \end{pmatrix} \tag{2-36}$$

由 $e_{M\hat{M}} = g_{MN}e^N{}_{\bar{M}}$ 和 $e^{M\bar{M}} = g^{MN}e_N{}^{\bar{M}}$ 可以得到

$$e_{M\bar{M}} = \begin{pmatrix} e^A e_{\mu\bar{\mu}} & 0 \\ 0 & e^A \end{pmatrix}, e^{M\bar{M}} = \begin{pmatrix} e^{-A}e^{\mu\bar{\mu}} & 0 \\ 0 & e^{-A} \end{pmatrix} \tag{2-37}$$

因此，$\Gamma^M = e^{-A}(\hat{e}^\mu_{\bar{\mu}}\gamma^{\bar{\mu}},\ \gamma^5) = e^{-A}(\gamma^\mu,\ \gamma^5)$，其中 $\gamma^\mu = \hat{e}^\mu_{\bar{\mu}}\gamma^{\bar{\mu}}$，$\gamma^{\bar{\mu}}$ 和 γ^5 是四维狄拉克表示中的平直伽马矩阵。在本书中，我们对四维平直伽马矩阵选择如下表示

$$\gamma^0 = \begin{pmatrix} 0 & -i\mathbb{I} \\ -i\mathbb{I} & 0 \end{pmatrix}, \gamma^i = \begin{pmatrix} 0 & i\sigma^i \\ -i\sigma^i & 0 \end{pmatrix}, \gamma^5 = \begin{pmatrix} \mathbb{I} & 0 \\ 0 & -\mathbb{I} \end{pmatrix} \tag{2-38}$$

这里，I 是一个 2 乘 2 的单位矩阵，σ^i 是泡利矩阵。在这项工作中，我们只考虑了平直厚膜，即 $\hat{g}_{\mu\nu} = \eta_{\mu\nu}$。所以我们有 $\hat{e}^\mu_{\bar{\mu}} = \delta^\mu_{\bar{\mu}}$ 和 $\gamma^\mu = \gamma^{\bar{\mu}}$。此外，将引

力微子场的协变导数定义为

$$D_N\Psi_R=\partial_N\Psi_R-\Gamma^M{}_{NR}\Psi_M+\omega_N\Psi_R \tag{2-39}$$

那里的自旋联络 ω_N 是由 $\frac{1}{4}\omega_N^{\bar{N}\bar{L}}\Gamma_{\bar{N}}\Gamma_{\bar{L}}$ 定义和 $\omega_N^{\bar{N}\bar{L}}$ 是

$$\begin{aligned}\omega_N^{\bar{N}\bar{L}}=&\frac{1}{2}e^{M\bar{N}}(\partial_N e_N{}^{\bar{L}}-\partial_M e_N^{\bar{L}})-\frac{1}{2}e^{M\bar{L}}(\partial_N e_M^{\bar{N}}-\partial_M e_N^{\bar{N}})\\&-\frac{1}{2}e^{M\bar{N}}e^{P\bar{L}}(\partial_M e_{P\bar{R}}-\partial_P e_{M\bar{R}})e_N^{\bar{R}}\end{aligned} \tag{2-40}$$

因此，我们得到 ω_N 的非消失分量

$$\omega_\mu=\frac{1}{2}(\partial_z A)\gamma_\mu\gamma_5+\hat{\omega}_\mu \tag{2-41}$$

注意，平直膜上的四维自旋连接 $\hat{\omega}_\mu$ 消失了。$D_N\Psi_R$ 的非消失分量是

$$\begin{aligned}D_\mu\Psi_\nu&=\partial_\mu\Psi_\nu-\Gamma^M{}_{\mu\nu}\Psi_M+\omega_\mu\Psi_\nu\\&=\hat{D}_\mu\Psi_\nu+(\partial_z A)\hat{g}_{\mu\nu}\Psi_z+\frac{1}{2}(\partial_z A)\gamma_\mu\gamma_5\Psi_\nu\end{aligned} \tag{2-42}$$

$$\begin{aligned}D_\mu\Psi_\nu&=\partial_\mu\Psi_z-\Gamma^M{}_{\mu z}\Psi_M+\omega_\mu\Psi_z\\&=\partial_\mu\Psi_z-(\partial_z A)\Psi_\mu+\frac{1}{2}(\partial_z A)\gamma_\mu\gamma_5\Psi_z+\hat{\omega}_\mu\Psi_z\end{aligned} \tag{2-43}$$

$$\begin{aligned}D_z\Psi_\mu&=\partial_z\Psi_\mu-\Gamma^M{}_{z\mu}\Psi_M+\omega_z\Psi_\mu\\&=\partial_z\Psi_\mu-(\partial_z A)\Psi_\mu\end{aligned} \tag{2-44}$$

$$\begin{aligned}D_z\Psi_z&=\partial_z\Psi_z-\Gamma^M{}_{zz}\Psi_M+\omega_z\Psi_z\\&=\partial_z\Psi_z-(\partial_z A)\Psi_z\end{aligned} \tag{2-45}$$

方程（2-35）包含五个方程，因为 M 扩展到所有五个时空指标。方程有两种：$M=5$ 和 $M=\mu$。对于 $M=5$ 的第一种情况，运动方程为

$$\begin{aligned}\Gamma^{[5}\Gamma^N\Gamma^{R]}D_N\Psi_R&=\Gamma^{[5}\Gamma^\mu\Gamma^{\nu]}D_\mu\Psi_\nu\\&=([\Gamma^\mu,\Gamma^\nu]-g^{\mu\nu})\Gamma^5\times(\hat{D}_\mu\Psi_\nu+(\partial_z A)\hat{g}_{\mu\nu}\Psi_z+\frac{1}{2}(\partial_z A)\gamma_\mu\gamma_5\Psi_\nu)\\&=0\end{aligned} \tag{2-46}$$

在本工作中，为方便起见，我们更倾向于选择规范条件 $\Psi_z=0$，并以此引入 KK 分解

$$\Psi_\mu = \sum \psi_\mu^{(n)}(x)\xi_n(z) \tag{2-47}$$

其中 $\psi_\mu^{(n)}(x)$ 是四维引力微子场。则式（2-46）化简为

$$([\gamma^\mu,\gamma^\nu] - \hat{g}^{\mu\nu})\gamma^5\left(\hat{D}_\mu\psi_\nu^{(n)} + \frac{1}{2}(\partial_z A)\gamma_\mu\gamma_5\psi_\nu^{(n)}\right) = 0 \tag{2-48}$$

对于四维质量引力微子场 ψ_μ，应满足以下四个方程[59]

$$\gamma^{[\lambda}\gamma^\mu\gamma^{\nu]}\hat{D}_\mu\psi_\nu - m_{3/2}[\gamma^\lambda,\gamma^\mu]\psi_\mu = 0 \tag{2-49a}$$

$$\gamma^\mu\psi_\mu = 0 \tag{2-49b}$$

$$\hat{D}^\mu\psi_\mu = 0 \tag{2-49c}$$

$$(\gamma^\mu\hat{D}_\mu + m_{3/2})\psi_\nu = 0 \tag{2-49d}$$

这里，$m_{3/2}$ 是四维引力微子场 ψ_μ 的质量。因此，对于满足上述式（2-49）的四维引力微子场 $\psi_\mu^{(n)}$，式（2-48）的左侧总是消失。另一方面，当我们选择规范条件 $\Psi_z = 0$ 时，$\Gamma^{[5}\Gamma^N\Gamma^{R]}D_N\Psi_R$ 在五维引力微子作用量（2-34）中的贡献消失；因此，式（2-46）可以忽略。然后，我们重点讨论了 $M=\mu$ 的情况，其运动方程为

$$\begin{aligned}\Gamma^{[\lambda}\Gamma^N\Gamma^{L]}D_N\Psi_L &= \Gamma^{[\lambda}\Gamma^\mu\Gamma^{\nu]}D_\mu\Psi_\nu + \Gamma^{[\lambda}\Gamma^\nu\Gamma^{5]}D_\nu\Psi_z + \Gamma^{[\lambda}\Gamma^5\Gamma^{\nu]}D_z\Psi_\nu \\ &= \mathrm{e}^{-3A}\gamma^{[\lambda}\gamma^\mu\gamma^{\nu]}\hat{D}_\mu\Psi_\nu - \mathrm{e}^{-3A}[\gamma^\lambda,\gamma^\nu]\gamma_5(\partial_z A + \partial_z)\Psi_\nu \\ &= 0\end{aligned} \tag{2-50}$$

我们使用规范条件 $\Psi_z = 0$。当我们引入分解（2-47）并考虑零模时，对应于满足 $\gamma^{[\lambda}\gamma^\mu\gamma^{\nu]}\hat{D}_\mu\psi_\nu^{(0)} = 0$ 的四维无质量引力微子，我们得到了额外维构型 $\xi_0(z)$ 的运动方程：

$$\begin{aligned}&\gamma^{[\lambda}\gamma^\mu\gamma^{\nu]}\hat{D}_\mu\psi_\nu^0(x)\xi_0(z) - [\gamma^\lambda,\gamma^\nu]\gamma_5\psi_\nu^{(0)}(x)(\partial_z A + \partial_z)\xi_0(z) \\ &\quad = -(\partial_z A + \partial_z)\xi_0(z) = 0\end{aligned} \tag{2-51}$$

显然，解是

$$\xi_0(z) = C\mathrm{e}^{-A(z)} \tag{2-52}$$

其中 C 是标准化常数。将零模 $\xi_0(z)$ 代入引力微子作用量（2-34）得到

$$S_{\frac{3}{2}}^{(0)} = \mathcal{I}_0\int \mathrm{d}^4x\sqrt{-\hat{g}}\bar{\psi}_\lambda^{(0)}\gamma^{[\lambda}\gamma^\mu\gamma^{\nu]}\hat{D}_\mu\psi_\nu^{(0)}(x) \tag{2-53}$$

式中 $\mathcal{I}_0 \equiv \int \mathrm{d}z\mathrm{e}^{2A}\xi_0^2(z) = C^2\int \mathrm{d}z = C^2\int \mathrm{e}^{-A(y)}\mathrm{d}y$。要在膜上定位引力微子的自旋 3/2，积分 $\mathcal{I}_0$ 必须是有限的。因此，只有考虑 RS 型膜模型时，五维自由无质量引力微子的零模才能局域于有限额外维的膜中。对于质量模，我们需要引入以下手性分解

$$\begin{aligned}\Psi_\mu(x,z) &= \sum_n(\psi_{L\mu}^{(n)}(x)\xi_{Ln}(z)+\psi_{R\mu}^{(n)}(x)\xi_{Rn}(z))\\ &= \sum_n\left(\begin{bmatrix}0\\ \tilde{\psi}_{L\mu}^{(n)}\xi_{Ln}\end{bmatrix}+\begin{bmatrix}\tilde{\psi}_{R\mu}^{(n)}\xi_{Rn}\\ 0\end{bmatrix}\right)\end{aligned} \tag{2-54}$$

其中 $\tilde{\psi}_{L\mu}^{(n)}$ 和 $\tilde{\psi}_{R\mu}^{(n)}$ 都是双分量旋量。$P_{L,R}\left(P_{L,R}=\dfrac{1}{2}[I\mp\gamma^5]\right)$ 对引力微子场 Ψ_M 的影响是分别微分左手性和右手性，其等价于以下方程

$$\gamma^5\psi_{L\mu}^{(n)} = -\psi_{L\mu}^{(n)},\ \gamma^5\psi_{R\mu}^{(n)} = \psi_{R\mu}^{(n)} \tag{2-55}$$

因此，将手性分解式（2-54）代入式（2-50），我们有

$$\begin{aligned}&\gamma^{[\lambda}\gamma^\mu\gamma^{\nu]}\hat{D}_\mu\psi_{L\nu}^{(n)}\xi_{Ln}+\gamma^{[\lambda}\gamma^\mu\gamma^{\nu]}\hat{D}_\mu\psi_{R\nu}^{(n)}\xi_{Rn}+[\gamma^\lambda,\gamma^\nu](\partial_z A)\psi_{L\nu}^{(n)}\xi_{Ln}\\ &-[\gamma^\lambda,\gamma^\nu](\partial_z A)\psi_{R\nu}^{(n)}\xi_{Rn}+[\gamma^\lambda,\gamma^\nu]\psi_{L\nu}^{(n)}\partial_z\xi_{Ln}-[\gamma^\lambda,\gamma^\nu]\psi_{R\nu}^{(n)}\partial_z\xi_{Rn}\\ &=0\end{aligned} \tag{2-56}$$

由于三个伽马矩阵的乘积为斜对角，两个伽马矩阵的乘积为斜对角，由上式可得两个方程：

$$\gamma^{[\lambda}\gamma^\mu\gamma^{\nu]}\hat{D}_\mu\psi_{L\nu}^{(n)}\xi_{Ln}-[\gamma^\lambda,\gamma^\nu](\partial_z A)\psi_{R\nu}^{(n)}\xi_{Rn}-[\gamma^\lambda,\gamma^\nu]\psi_{R\nu}^{(n)}\partial_z\xi_{Rn}=0 \tag{2-57a}$$

$$\gamma^{[\lambda}\gamma^\mu\gamma^{\nu]}\hat{D}_\mu\psi_{R\nu}^{(n)}\xi_{Rn}+[\gamma^\lambda,\gamma^\nu](\partial_z A)\psi_{L\nu}^{(n)}\xi_{Ln}+[\gamma^\lambda,\gamma^\nu]\psi_{L\nu}^{(n)}\partial_z\xi_{Ln}=0 \tag{2-57b}$$

使用方差分离的方法，通过定义参数 m_n，我们有

$$\frac{\gamma^{[\lambda}\gamma^\mu\gamma^{\nu]}\hat{D}_\mu\psi_{L\nu}^{(n)}}{[\gamma^\lambda,\gamma^\alpha]\psi_{R\alpha}^{(n)}}=\frac{(\partial_z A)\xi_{Rn}+\partial_z\xi_{Rn}}{\xi_{Ln}}=m_n \tag{2-58a}$$

$$\frac{\gamma^{[\lambda}\gamma^\mu\gamma^{\nu]}\hat{D}_\mu\psi_{R\nu}^{(n)}}{[\gamma^\lambda,\gamma^\alpha]\psi_{L\alpha}^{(n)}}=-\frac{(\partial_z A)\xi_{Ln}+\partial_z\xi_{Ln}}{\xi_{Rn}}=m_n \tag{2-58b}$$

即

$$\begin{aligned}\gamma^{[\lambda}\gamma^\mu\gamma^{\nu]}\hat{D}_\mu\psi_{L\nu}^{(n)}&=m_n[\gamma^\lambda,\gamma^\alpha]\psi_{R\alpha}^{(n)}\\ \gamma^{[\lambda}\gamma^\mu\gamma^{\nu]}\hat{D}_\mu\psi_{R\nu}^{(n)}&=m_n[\gamma^\lambda,\gamma^\alpha]\psi_{L\alpha}^{(n)}\end{aligned} \tag{2-59}$$

$$(\partial_z+(\partial_z A))\xi_{Rn}=m_n\xi_{Ln}$$
$$(\partial_z+(\partial_z A))\xi_{Ln}=-m_n\xi_{Rn} \tag{2-60}$$

式（2-59）为四维手性引力微子场满足的方程，式（2-60）为 KK 模 ξ_{Ln} 和 ξ_{Rn} 满足的耦合式。对引力微子进行场变换 $\xi_{Rn}(z)=\chi_n^R(z)\mathrm{e}^{-A}$ 和 $\xi_{Ln}(z)=\chi_n^L(z)\mathrm{e}^{-A}$，可以得到引力微子左手性和右手性 KK 模的方程

$$\partial_z^2\chi_n^L(z)=-m_n^2\chi_n^L(z) \tag{2-61a}$$
$$\partial_z^2\chi_n^R(z)=-m_n^2\chi_n^R(z) \tag{2-61b}$$

当引入以下可归一化条件时

$$\int\chi_m^L(z)\chi_n^R(z)\mathrm{d}z=\delta_{RL}\delta_{mn} \tag{2-62}$$

得到了四维无质量引力微子和大质量引力微子的有效作用量

$$\begin{aligned}S_{\frac{3}{2}}^m=&\sum_n\int d^4x[\bar{\psi}_{L\lambda}^{(n)}(x)\gamma^{[\lambda}\gamma^\mu\gamma^{\nu]}\partial_\mu\psi_{L\nu}^{(n)}(x)-m_n\bar{\psi}_{L\lambda}^{(n)}(x)[\gamma^\lambda,\gamma^\mu]\psi_{R\mu}^{(n)}(x)]\\&+\bar{\psi}_{R\lambda}^{(n)}(x)\gamma^{[\lambda}\gamma^\mu\gamma^{\nu]}\partial_\mu\psi_{R\nu}^{(n)}(x)-m_n\bar{\psi}_{R\lambda}^{(n)}(x)[\gamma^\lambda,\gamma^\mu]\psi_{L\mu}^{(n)}(x)]\\=&\sum_n\int d^4x(\bar{\psi}_{\lambda}^{(n)}(x)\gamma^{[\lambda}\gamma^\mu\gamma^{\nu]}\partial_\mu\psi_{\nu}^{(n)}(x)-m_n\bar{\psi}_{\lambda}^{(n)}(x)[\gamma^\lambda,\gamma^\mu]\psi_{\mu}^{(n)}(x))\end{aligned} \tag{2-63}$$

然而，方程的解（2-61a）和（2-61b）显然是普通的。因此，四维大质量引力微子不能被局域化。这个结论和狄拉克费米子的结论是一样的。

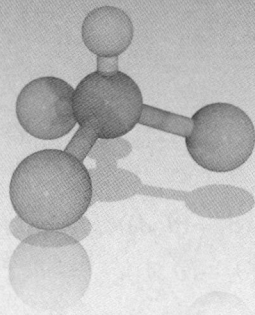

第 3 章　Elko 场在膜上的局域化性质

在膜世界理论的研究中，有一个十分重要的课题，就是各种物质场的局域化机制。所谓的“局域化”，指的是将高维时空中的物质场的 KK 模式束缚在膜上。研究物质场的局域化一方面可以通过将高维时空中的物质场约化到四维时空中来重构已知的各种粒子（主要是通过 0 质量的 KK 模式，即零膜的局域化来实现量子场论的重现），从而使得理论与实验观测相符合。另一方面，探究有质量的 KK 模式在膜上的局域化，可以给出我们探究额外维的可能性，比如发现新的现有场论中没有预言的粒子，或者观测到其他新的实验现象等等。因此，研究各种物质场在各种膜世界模型上的局域化引起了国内外大量科研工作者的关注。

在前文中，我们介绍了一种新的物质场——Elko 场。该场作为“暗物质的第一候选者”，其有趣的性质引起了大家的关注。作为一种全新的物质场，Elko 在膜世界上的局域化性质的研究并不多。本书将研究 Elko 场在各种膜世界的局域化性质，着重研究 Elko 场在平直膜上的局域化性质，包括平直薄膜模型和平直厚膜模型，也简单考察一下德西特/反德西特薄膜上的五维自由 Elko 场的局域化性质。我们会从一个普遍的膜世界度规出发，通过对五维的 Elko 场进行 KK 分解，即将 Elko 场的四维部分和额外维部分分开，得到关于其 KK 模式的类薛定谔方程。最后求解该方程并结合局域化条件，研究 Elko 场的局域化性质。在研究 Elko 场的局域化性质时，我们将分别研究五维无质量的自由 Elko 场以及带耦合项的 Elko 场。

3.1　Elko 场在薄膜上的局域化性质

3.1.1　在平直薄膜上的局域化

我们先讨论 Elko 场在平直膜的局域化性质。在众多的膜世界模型中，平直膜是最简单的，也是被研究最多的膜世界模型。平直膜世界模型可以成功解释很多粒子物理标准模型的疑难，比如规范场层次问题，费米层次问题等等。因此我们从最有典型意义的平直膜世界模型出发，研究 Elko 场的局域化性质。

首先，让我们讨论自由的无质量的五维 Elko 场在平直膜上的局域化性质。如同我们在引言部分为大家介绍的那样，Elko 场有许多性质，包括拉氏密度都与标量场很相似。实际上，我们接下来将看到这两种场在形式上有更多的相似之处。

描述一个镶嵌在五维背景时空的四维平直膜的度规一般被假设为如下形式

$$ds^2 = e^{2A(y)}\eta_{\mu\nu}dx^{\mu}dx^{\nu} + dy^2 \tag{3-1}$$

式中 $e^{2A(y)}$ 为时空中的卷曲因子，而 y 为额外维坐标。进一步，通过坐标变换

$$dz = e^{-A(y)}dy \tag{3-2}$$

度规（3-1）将变换为共形平直形式

$$ds^2 = e^{2A(z)}(\eta_{\mu\nu}dx^{\mu}dx^{\nu} + dz^2) \tag{3-3}$$

而共形平直形式在我们讨论引力和各种物质场的局域化性质的时候将更为方便。

而我们考虑一个五维的自由无质量 Elko 场 λ 的作用量为

$$S_{\text{Elko}}=\int \mathrm{d}^5x\sqrt{-g}\mathfrak{L}_{\text{Elko}} \tag{3-4}$$

这里 Elko 场的拉氏密度为

$$\mathfrak{L}_{\text{Elko}}=\frac{1}{2}\left[\frac{1}{2}g^{MN}\left(\mathfrak{D}_M\vec{\lambda}\mathfrak{D}_N\lambda+\mathfrak{D}_N\vec{\lambda}\mathfrak{D}_M\lambda\right)\right] \tag{3-5}$$

其中，$M,N,\cdots=0,1,2,3,5$ 和 $\mu,\nu,\cdots=0,1,2,3$，它们分别标记了五维和四维的时空指标，而 $\bar{A},\bar{B}=0,1,2,3,5$ 和 $a,b=0,1,2,3$ 则分别标记了五维和四维的局域 Lorentz 群指标。协变导数为

$$\mathfrak{D}_M\lambda=(\partial_M+\Omega_M)\lambda,\quad \mathfrak{D}_M\vec{\lambda}=\partial_M\vec{\lambda}-\vec{\lambda}\Omega_M \tag{3-6}$$

其中自旋联络 Ω_M 定义为

$$\Omega_M=-\frac{i}{2}(e_{\bar{A}P}e_{\bar{B}}^{N}\Gamma_{MN}^{P}-e_{\bar{B}}^{N}\partial_M e_{\bar{A}N})S^{\bar{A}\bar{B}} \tag{3-7}$$

$$S^{\bar{A}\bar{B}}=\frac{i}{4}[\gamma^{\bar{A}},\gamma^{\bar{B}}] \tag{3-8}$$

这里 $e_M^{\bar{A}}$ 被称为标架并且满足正交关系 $g_{MN}=e_M^{\bar{A}}e_M^{\bar{B}}\eta_{\bar{A}\bar{B}}$，而五维伽马矩阵 γ^M 满足关系：$\{\gamma^M,\gamma^N\}=2\eta^{MN}\mathbb{I}$，这里有 $\eta^{MN}=\mathrm{diag}(-,+,+,+,+)$。注意到此时五维平直时空中的伽马矩阵 γ^M 与四维平直时空中的伽马矩阵 γ^μ 的形式相同，其具体形式由式子（2-8）给出。从度规（3-3）得出标架的形式为

$$e_M^{\bar{A}}=\begin{pmatrix} e^A\hat{e}_\mu^a & 0 \\ 0 & e^A \end{pmatrix},\hat{e}_\mu^a=\mathbb{I} \tag{3-9}$$

由此，我们便能得到非零的自旋联络分量为

$$\Omega_\mu=\frac{1}{2}\partial_z A\gamma_\mu\gamma_5 \tag{3-10}$$

正如我们之前展示的，Elko 场的拉氏密度与标量场的十分相似，因此 Elko 场的运动方程也不出意外和标量场的运动方程十分相似：

$$\frac{1}{\sqrt{-g}}\mathfrak{D}_M(\sqrt{-g}g^{MN}\mathfrak{D}_N\lambda)=0 \tag{3-11}$$

通过带入共形平直度规（3-3）和自旋联络的非零部分（3-10），我们便

能将方程（3-11）分解成四维和额外维两个部分：

$$\left[\frac{1}{\sqrt{-g}}\hat{\mathfrak{D}}_{\mu}(\sqrt{-g}\hat{g}^{\mu\nu}\hat{\mathfrak{D}}_{\nu}\lambda)+\left[\frac{1}{2}A'(\hat{\mathfrak{D}}_{\mu}(\hat{g}^{\mu\nu}\gamma_{\nu}\gamma_{5}\lambda)+\hat{g}^{\mu\nu}\gamma_{\mu}\gamma_{5}\hat{\mathfrak{D}}_{\nu}\lambda)\right.\right.$$
$$\left.\left.-\frac{1}{4}A'^{2}\hat{g}^{\mu\nu}\gamma_{\mu}\gamma_{\nu}\lambda+e^{-3A}\partial_{z}(e^{3A}\partial_{z}\lambda)\right]\right]=0 \tag{3-12}$$

这里 $\hat{g}^{\mu\nu}$ 代表膜上的度规，而 $(\hat{\mathfrak{D}}_{\mu}\lambda=(\partial_{\mu}+\hat{\Omega}_{\mu})\lambda)$，其中 $\hat{\Omega}_{\mu}$ 为由膜上的诱导度规 $\hat{g}^{\mu\nu}$ 所构建的膜上的自旋联络。对于平直膜的情况，$\hat{g}^{\mu\nu}=\eta_{\mu\nu}$)，因此 $\hat{\mathfrak{D}}_{\mu}=\partial_{\mu}$，而运动方程便能简化为

$$\partial^{\mu}\partial_{\mu}\lambda-A'\gamma_{5}\gamma^{\mu}\partial_{\mu}\lambda-A'^{2}\lambda+e^{-3A}\partial_{z}(e^{3A}\partial_{z}\lambda)=0 \tag{3-13}$$

我们发现方程（3-13）中 $-A'\Gamma^{5}\Gamma^{\mu}\partial_{\mu}\lambda$ 这一项的存在，迫使我们必须考虑一般的 Elko 场的解必须是两种不同的 Elko 场的线性组合。这是基于方程（2-10）和（2-11）的。因此，我们考虑引入如下 KK 分解

$$\lambda_{\pm}\equiv e^{-3A/2}\sum_{n}(\alpha_{n}(z)\varsigma_{\pm}^{n}(x)+\beta_{n}(z)\tau_{\pm}^{(n)}(x)) \tag{3-14}$$

这里我们为了简洁省略了 α 和 β 的下标 ±。$\varsigma_{\pm}^{n}(x)$和$\tau_{\pm}^{(n)}(x)$ 为四维 Elko 旋量并满足四维有质量 KG 方程：$\partial^{\mu}\partial_{\mu}\varsigma_{\pm}^{(n)}=m_{n}^{2}\varsigma_{\pm}^{(n)}$ 和 $\partial^{\mu}\partial_{\mu}\tau_{\pm}^{(n)}=m_{n}^{2}\tau_{\pm}^{(n)}$。这意味着不同的 Elko 旋量的 KK 模式沿额外维的方向是不同的并且与 Elko 旋量在五维时空的性质有关。这里我们仅仅需要考虑 λ_{+} 的情况，因为 λ_{-} 的情况与之相似。将 KK 分解代入方程（2-10）和（2-11）我们得到

$$\left(\alpha_{n}''-\frac{3}{2}A''\alpha_{n}-\frac{13}{4}(A')^{2}\alpha_{n}+m_{n}^{2}\alpha_{n}-\mathrm{i}m_{n}A'\beta_{n}\right)\varsigma_{+}^{(n)}$$
$$+\left(\beta_{n}''-\frac{3}{2}A''\beta_{n}-\frac{13}{4}(A')^{2}\beta_{n}+m_{n}^{2}\beta_{n}-\mathrm{i}m_{n}A'\alpha_{n}\right)\tau_{+}^{(n)}=0 \tag{3-15}$$

这里我们省略了求和符号和坐标。接着，由于 $\varsigma_{+}^{(n)}$ 和 $\tau_{+}^{(n)}$ 线性无关，我们便能得到如下关于 α_{n} 和 β_{n} 的运动方程

$$\alpha_{n}''-\left(\frac{3}{2}A'+\frac{13}{4}(A')^{2}-m_{n}^{2}\right)\alpha_{n}-\mathrm{i}m_{n}A'\beta_{n}=0 \tag{3-16}$$

$$\beta_{n}''-\left(\frac{3}{2}A'+\frac{13}{4}(A')^{2}-m_{n}^{2}\right)\beta_{n}-\mathrm{i}m_{n}A'\alpha_{n}=0 \tag{3-17}$$

接着我们定义两个函数 $a_n(z)$ 和 $b_n(z)$ 并让他们满足如下关系

$$\alpha_n = \frac{1}{\sqrt{2}}(a_n + b_n),\quad \beta_n = \frac{1}{\sqrt{2}}(a_n - b_n) \tag{3-18}$$

很明显，a_n 和 b_n 满足方程

$$\alpha_n'' - \left(\frac{3}{2}A'' + \frac{13}{4}(A')^2 - m_n^2 + \mathrm{i}m_n A'\right)\alpha_n = 0 \tag{3-19}$$

$$\beta_n'' - \left(\frac{3}{2}A'' + \frac{13}{4}(A')^2 - m_n^2 - \mathrm{i}m_n A'\right)\beta_n = 0 \tag{3-20}$$

对五维对偶 Elko 场 $\vec{\lambda}$，我们则应当引入如下的 KK 分解

$$\vec{\lambda}_{\pm} \equiv e^{-3A/2}\sum_n \left(\alpha_n^*(z)\vec{\varsigma}_{\pm}^{(n)}(x) + \beta_n^*(z)\vec{\tau}_{\pm}^{(n)}(x)\right) \tag{3-21}$$

同时考虑到四维的对偶 Elko 旋量满足运动方程

$$\partial_\mu \vec{\varsigma}_{\pm}^{(n)}\gamma^\mu = \pm \mathrm{i}m_n \vec{\varsigma}_{\pm}^{(n)},\quad \partial_\mu \vec{\tau}_{\pm}^{(n)}\gamma^\mu = \mp \mathrm{i}m_n \vec{\tau}_{\pm}^{(n)} \tag{3-22}$$

$$\vec{\varsigma}_{\pm}^{(n)}\gamma^5 = \mp \vec{\tau}_{\pm}^{(n)},\quad \vec{\tau}_{\pm}^{(n)}\gamma^5 = \pm \vec{\varsigma}_{\pm}^{(n)} \tag{3-23}$$

由此，为了从五维自由无质量 Elko 场的作用量得到四维有质量 Elko 场的作用量

$$\begin{aligned} S_{Elko} &= -\frac{1}{4}\int \mathrm{d}^5x\sqrt{-g}\,g^{MN}\left(\mathfrak{D}_M\vec{\lambda}\mathfrak{D}_N\lambda + \mathfrak{D}_N\vec{\lambda}\mathfrak{D}_M\lambda\right) \\ &= -\frac{1}{2}\sum_n\int \mathrm{d}^4x\left(\partial_\mu\vec{\hat{\lambda}}^n\partial^\mu\hat{\lambda}^n + m_n^2\vec{\hat{\lambda}}^n\hat{\lambda}^n\right) \end{aligned} \tag{3-24}$$

$\vec{\hat{\lambda}}^n$ 般的四维 Elko 旋量，我们可将方程（3-16）和（3-17）带入作用量，并且需要引入如下的 α_n 和 β_n 的正交归一条件

$$\int \alpha_n^*\alpha_m \mathrm{d}z = \delta_{nm} \tag{3-25}$$

$$\int \beta_n^*\beta_m \mathrm{d}z = \delta_{nm} \tag{3-26}$$

$$\int \alpha_n^*\beta_m \mathrm{d}z = \int \alpha_n\beta_m^* \mathrm{d}z = \delta_{nm} \tag{3-27}$$

由此可得到关于 α_n 和 β_n 的正交归一条件

$$\int (a_n^* a_m) \mathrm{d}z = 2\int (\alpha_n^* + \beta_n^*)(\alpha_m + \beta_m) \mathrm{d}z = 8\delta_{nm} \tag{3-28}$$

$$\int (b_n^* b_m) \mathrm{d}z = 2\int (\alpha_n^* - \beta_n^*)(\alpha_m - \beta_m) \mathrm{d}z = 0 \tag{3-29}$$

其中 b_n 的正交条件暗示了其实 $b_n = 0$ 从而 $\alpha_n = \beta_n$。这个结果十分有趣，因为这意味着对于不同的 Elko 旋量的 KK 模式，其关于额外维的构型是完全一样不可区分的（即使我们去考虑 λ_+ 和 λ_- 中的 α_n^+ 和 α_n^-，我们也会发现他们满足的方程完全一样）。因此我们可能仅仅通过观察不同的 Elko 旋量的 KK 模式是不能区别他们的。由此，Elko 场的 KK 分解应该为

$$\lambda_\pm = e^{-3A/2} \sum_n (\alpha_n(z) \varsigma_\pm^n(x) + \alpha_n(z) \tau_\pm^{(n)}(x)) = e^{-3A/2} \sum_n \alpha_n(z) \hat{\lambda}_\pm^{(n)}(x) \tag{3-30}$$

K 模式 α_n 的方程为

$$\alpha_n'' - \left(\frac{3}{2} A'' + \frac{13}{4} (A')^2 - m_n^2 + \mathrm{i} m_n A' \right) \alpha_n = 0 \tag{3-31}$$

我们首先重点考察五维自由零质量 Elko 旋量零模在平直膜世界模型上的局域化。研究物质场零模在膜上的局域化是十分有意义也是十分必要的。当物质场的零模能够被局域化到膜上的时候，他们总能通过某种额外的机制来生成质量，而这也许能从侧面支持 Higgs 机制并由此引导出标准模型。对于零模 α_0，即四维零质量的 Elko 旋量，我们需取 $m_n = 0$ 而方程（3-31）则简化为

$$[-\partial_z^2 + V_0(z)] \alpha_0(z) = 0 \tag{3-32}$$

这里 V_0 形式为

$$V_0(z) = \frac{3}{2} A'' + \frac{13}{4} A'^2 \tag{3-33}$$

对零模解 α_0 其正交条件为

$$\int \alpha_0^* \alpha_0 \mathrm{d}z = 1 \tag{3-34}$$

接下来我们将考虑多种平直膜模型和他们的解，并且利用方程（3-32）和（3-34）分析五维 Elko 场零模的局域化性质。如我们在引言中介绍的，膜世界模型有薄膜和厚膜之分，我们将别讨论 Elko 场在薄膜模型和厚膜模型上

的局域化性质。

作为薄膜模型的代表，我们考虑著名的 RS 模型，并研究 Elko 零模在 RS 膜世界上的局域化性质。

如引言中所介绍的，在 1999 年，Randall 和 Sundrum 两人构建了著名的 RS 模型去解决粒子物理中的层次问题[4]。有两种 RS 模型：RSⅠ和 RSⅡ。在 RSⅠ模型中，额外维是紧致的，Elko 场的零模必然是一个束缚态，因此，我们对 Elko 场零模在具有非紧致额外维的 RSⅡ模型上的局域化性质更感兴趣。

RSⅡ的作用量为[5]

$$S = S_{\text{gravity}} + S_{\text{brane}}$$

$$S_{\text{gravity}} = \int d^4x \int dy \sqrt{-G}\left(-\Lambda + \frac{1}{2}R\right)$$

$$S_{\text{brane}} = \int d^4x \sqrt{-g_{\text{brane}}} V_{\text{brane}} + \mathfrak{L}_{\text{brane}} \tag{3-35}$$

这里 R 为五维的里奇标量，G_{MN} 是五维度规，Λ 和 V_{brane} 分别为背景时空和时空边界上的宇宙学项。G_{MN} 的形式为方程（3-1）所给出的形式。额外维 y 是非紧致的而卷曲因子 $A(y)$ 的解为

$$A(y) = -k|y| \tag{3-36}$$

其中 k 是一个正常数。当边界和背景时空的宇宙学项取如下关系[5]

$$V_{\text{brane}} = 6k, \quad \Lambda = -6k^2 \tag{3-37}$$

时，这个解是稳定的。将这个解在共形度规（3-3）下表示时，坐标变换（3-2）给出 $k|z|+1 = e^{k|z|}$，而此时 V_0（3-33）将取如下形式

$$V_0 = \frac{19k^2}{4(1+k|z|)^2} - \frac{3k\delta(z)}{1+k|z|} \tag{3-38}$$

则方程（3-32）的一般解为

$$\alpha_0(z) = C_1(k|z|+1)^{\frac{1}{2}+\sqrt{5}} + C_2(k|z|+1)^{\frac{1}{2}-\sqrt{5}} \tag{3-39}$$

这里 C_1 和 C_2 为积分常数。为了得到能够局域在膜上的 Elko 零模 α_0，正交归一条件（3-34）应该被满足，从而要求 $\alpha_0(z)$ 必须在 $z \to \pm\infty$ 处趋于零。

由于解（3-39）的第一项将在 $z \to \pm\infty$ 时发散，因此 C_1 应当取零，而 C_2 则根据正交归一条件取定。由此可得到五维自由零质量 Elko 场在 RS Ⅱ 膜世界模型上束缚在膜上的零模解

$$\alpha_0(z) = \sqrt{(-1+\sqrt{5})k}\,(k|z|+1)^{\frac{1}{2}-\sqrt{5}} \tag{3-40}$$

但是，单单考虑正交归一条件其实是不够的[101]，由于这里考虑的是薄膜模型，我们必须注意到其膜的能量在膜的位置上其实是发散的，也就是说，在膜的位置 $z=0$ 处存在奇异，因此我们必须慎重地考虑解在边界（膜的位置）上的边界条件，由 $\int_{0^-}^{0^+}[-\partial_z^2 + V_0(z)]\alpha_0(z)\mathrm{d}z$ 可得到零模解在边界 $z=0$ 满足如下条件

$$\alpha_0'\big|_+ - \alpha_0'\big|_- = -3k\alpha_0(0) \tag{3-41}$$

从而导致 C_1 和 C_2 满足关系

$$C_2 = -\frac{\sqrt{5}+2}{\sqrt{5}-2}C_1 \tag{3-42}$$

可见当 C_1 取零时，C_2 也必然同时取零，这导致解变成了平庸解。由此我们可以判断，五维自由零质量的 Elko 场的零模不能局域化在 RS Ⅱ 薄膜模型上。

接下来我们考虑五维自由 Elko 场有质量 KK 模式的局域化。普遍来说，有质量的 KK 模式的质量谱都是被期望的，因为质量谱可以用来表征额外维的集合性质，并且能够显示由于额外维存在而产生的新的性质，而这些都有可能被未来的高能实验所观察到。同时，如果有质量的 KK 模式能够局域化在膜上，便能够为我们提供关于理解 Elko 粒子质量起源的新的观点。因此我们应当在各种类型平直膜的背景下对方程（3-31）进行详尽的分析，并且我们期望能够得到一个合理的质量谱。在我们在一些具体模型下解方程（3-31）之前，我们可以预见解应当是一个如同波函数那样的复数函数，因为在方程（3-31）中出现了虚数单位。因此想要得到完全束缚的有质量的 KK 模式应当是很困难的。

首先，作为薄膜的典型代表，我们仍然考虑 RSⅡ模型，则方程（3-31）的形式为

$$-\alpha_n'' + \left(\frac{19k^2}{4(1+k|z|)^2} - \frac{3k\delta(z)}{1+k|z|}\right)\alpha_n = \left(m_n^2 + \mathrm{i}m_n\frac{ksign(z)}{1+k|z|}\right)\alpha_n \qquad (3\text{-}43)$$

上述方程的一般解为

$$\begin{aligned}\alpha_n(z) = &C_1 H(z) M_{\frac{1}{2},-\sqrt{5}}\left(\mathrm{i}\frac{2m_n}{k}(k|z|+1)\right)\\ &+C_2 H(-z) M_{\frac{1}{2},\sqrt{5}}\left(\mathrm{i}\frac{2m_n}{k}(k|z|+1)\right)\\ &+C_3 W_{\frac{1}{2},-\sqrt{5}}\left(\mathrm{i}\frac{2m_n}{k}(k|z|+1)\right)\end{aligned} \qquad (3\text{-}44)$$

这里 $H(z)$ 为阶跃函数而 M 和 W 表示两种 Whittaker 函数。C_1、C_2 和 C_3 是积分常数并且 $\left(C_1 M_{\frac{1}{2},-\sqrt{5}}\left(\mathrm{i}\frac{2m_n}{k}\right) = C_2 M_{\frac{1}{2},\sqrt{5}}\left(\mathrm{i}\frac{2m_n}{k}\right)\right)$。取 $\alpha_n(z) = R_n(z) + \mathrm{i}I_n(z)$ 而正交条件（3-25）要求 $\int \mathrm{d}z(R_n^2 + I_n^2) = 1$。根据特殊函数理论，$M_{\frac{1}{2},\pm\sqrt{5}}\left(\mathrm{i}\frac{2m_n}{k}(k|z|+1)\right)$ 和 $W_{\frac{1}{2},\pm\sqrt{5}}\left(\mathrm{i}\frac{2m_n}{k}(k|z|+1)\right)$ 总会发散。很明显这解无法满足正交条件（3-25）。因此对于任意质量 m_n，我们都不能在 RSⅡ膜上得到束缚的五维自由 Elko 场的有质量的 KK 模式。这个结果和标量场在 RSⅡ膜上的局域化结果相同。

接下来，我们将研究带耦合项的 Elko 旋量在五维平直膜世界模型上的局域化性质。如上一节所显示的那样，对于五维时空中的自由 Elko 场来说，我们既不能在平直膜上得到任何束缚的有质量的 KK 模式，也不能在膜上得到束缚的零模解。如同狄拉克旋量在膜上的局域化一样，我们引入 Elko 旋量和背景标量场的耦合，为了简单起见我们选择最简单的川耦合，其相应的拉氏密度为

$$\mathfrak{L}_{Elko} = -\frac{1}{4}g^{MN}\left(\mathfrak{D}_M\bar{\lambda}\mathfrak{D}_N\lambda + \mathfrak{D}_N\bar{\lambda}\mathfrak{D}_M\lambda\right) - \eta F(\phi)\bar{\lambda}\lambda \qquad (3\text{-}45)$$

这里 $F(\phi)$ 是关于背景标量场 ϕ 的函数而 η 是耦合常数。当 $F(\phi)$ 是常数的时候，其在式子（3-45）中增加的那项可被认为是 Elko 场的质量项：

$M_{Elko}^2=\eta F(\phi)$。接着可得到 Elko 场耦合标量场的运动方程

$$\frac{1}{\sqrt{-g}}\mathfrak{D}_M(\sqrt{-g}g^{MN}\mathfrak{D}_N\lambda)-2\eta F(\phi)\lambda=0 \tag{3-46}$$

通过共形平直度规（3-3），利用平直膜上自旋联络的非零分量式（3-10），引入 KK 分解（3-30），再利用 $\varsigma_+^{(n)}$ 和 $\tau_+^{(n)}$（$\varsigma_-^{(n)}$ 和 $\tau_-^{(n)}$）的线性无关性，我们能得到关于 KK 模式 α_n 的方程

$$-\alpha_n''+\left(\frac{2}{3}A''+\frac{13}{4}(A')^2+2\eta e^{2A}F(\phi)\right)\alpha_n=(m_n^2-\mathrm{i}m_nA')\alpha_n \tag{3-47}$$

当我们仅仅考虑五维 Elko 场的零模的时候，取 $m_0=0$ 则方程（3-47）化简为

$$[-\partial_z^2+V_0(z)]\alpha_0(z)=0 \tag{3-48}$$

这里有

$$V_0(z)=\frac{2}{3}A''+\frac{13}{4}(A')^2+2\eta e^{2A}F(\phi) \tag{3-49}$$

如上一节讨论的那样，如果我们想要从带耦合项的五维 Elko 场的作用量出发得到四维无质量和一系列有质量的 Elko 旋量

$$\begin{aligned}S_{\text{Elko}}&=\int\mathrm{d}^5x\sqrt{-g}\left[-\frac{1}{4}g^{MN}\left(\mathfrak{D}_M\bar{\lambda}\mathfrak{D}_N\lambda+\mathfrak{D}_N\bar{\lambda}\mathfrak{D}_M\lambda\right)-\eta F(\phi)\bar{\lambda}\lambda\right]\\&=-\frac{1}{2}\sum_n\int\mathrm{d}^4x\left(\partial^\mu\hat{\bar{\lambda}}^n\partial_\mu\hat{\lambda}^n+m_n^2\hat{\bar{\lambda}}^n\hat{\lambda}^n\right)\end{aligned} \tag{3-50}$$

那我们就必须引入正交条件式（3-25）

首先我们应当考虑带耦合项的五维 Elko 场的零膜的局域化。正如我们强调的那样，五维自由的无质量的 Elko 场是不能局域化在平直膜上的，不论是零膜还是有质量的 KK 模式。而同时我们知道 Elko 场和标量场存在许多相似之处。这里，我们先回顾五维自由无质量标量场的运动方程，在平直膜模型中为

$$\partial^\mu\partial_\mu\Phi+e^{-3A}\partial_z(e^{3A}\partial_z\Phi)=0 \tag{3-51}$$

通过 KK 分解 $\Phi=\sum_n \phi_n(x)h_n(z)e^{-3A/2}$ 我们可以从这个方程得到四维的标量场方程，同时得到标量场 KK 模式 h_n 的类薛定谔方程[25,26]

$$[-\partial_z^2+V_\Phi]h_n=m_n^2h_n \tag{3-52}$$

这里的有效势函数 V_Φ 为

$$V_\Phi(z)=\frac{3}{2}A''+\frac{9}{4}A'^2 \tag{3-53}$$

五维自由无质量标量场的零模之所以能局域化，是因为其相应的类薛定谔方程可以被因式分解，这是源于其 A'^2 项的系数是 A' 项系数的平方这一事实。显然，对于平直膜来说，Elko 场零模的类薛定谔方程的有效势函数 V_0 中 A'^2 的系数与标量场 KK 模式类薛定谔方程有效势函数 V_Φ 中 A'^2 系数的不同，将会阻碍 V_0 的因式分解，从而阻碍 Elko 零模的局域化。而当合适的 $F(\phi)$ 被引入之后，A'^2 系数也许会发生改变到与标量场的情况一样，从而使得 Elko 的零模可以被局域化。由此我们假设

$$V_0(z)=\frac{2}{3}A''+\frac{13}{4}(A')^2+2\eta e^{2A}F(\phi)=\frac{3}{2}A''+\frac{9}{4}A'^2, \tag{3-54}$$

这相当于

$$(\partial_zA(z))^2+2\eta e^{2A(z)}F(\phi)=0 \tag{3-55}$$

将上面的方向在额外维坐标 y 写出可以更明确一下关系

$$(\partial_yA(y))^2=-2\eta F(\phi(y)) \tag{3-56}$$

这个方程依赖于卷曲因子 $e^{2A(y)}$，标量场 ϕ 和函数 $F(\phi)$。考虑标量——Elko 耦合 $\eta\bar{\lambda}\phi^n\lambda$ 是合理的。因此 $F(\phi)$ 可以被取为 ϕ^n 的形式，同时根据方程（3-56），$F(\phi(y))$ 应当是 y 的偶函数。而据我们了解，对绝大多数的膜世界模型来说，其标量场 ϕ 是一个 kink 解，即，是一个关于 y 的奇函数，所以最简单的情况就是取 $n=2$。于是我们有

$$(\partial_yA(y))^2=-2\eta\phi^2(y) \tag{3-57}$$

或者

$$\partial_y A(y) \propto \phi(y) \tag{3-58}$$

如果卷曲因子 $e^{2A(y)}$ 和标量场 ϕ 有如方程（3-58）的关系，则 Elko 的零模，即四维无质量的 Elko 粒子就有可能被局域化在膜上，令人意外的是有许多模型满足（3-58）这一关系，我们将在接下来中分别讨论他们。

首先，我们仍然考虑 RS Ⅰ 模型。从其作用量（3-35）可以很明显地看出在这个模型里面并不存在一个背景标量场 ϕ。这里我们便引入五维的质量项，即 $\eta\phi^2 = M_{Elko}^2$，这里 M_{Elko} 为五维 Elko 场的质量。同时，注意到 $A'(y) = -ksign(y)$ 和 $A'^2(y) = k^2$。很自然就有

$$M_{Elko}^2 \propto k^2 \tag{3-59}$$

对于任意的常数 M_{Elko}，有效势函数 V_0（3-49）为

$$V_0 = \frac{19k^2}{4(1+k|z|)^2} + \frac{2M_{Elko}^2}{(1+k|z|)^2} + \frac{3k\delta(z)}{1+k|z|} = \frac{(19+8\epsilon)k^2}{4(1+k|z|)^2} - \frac{3k\delta(z)}{1+k|z|} \tag{3-60}$$

这里有 $\epsilon = M_{Elko}^2 / k^2$。我们能通过求解方程（3-58）来得到的 Elko 零模的一般解

$$\alpha_0(z) = C_1(1+k|z|)^{\frac{1}{2}-\sqrt{5+2\epsilon}} + C_2(1+k|z|)^{\frac{1}{2}+\sqrt{5+2\epsilon}} \tag{3-61}$$

这里 C_1 和 C_2 是积分常数，当然这里要求 $\epsilon > -2$。可见想要得到束缚的 Elko 零模解需要 $C_2 = 0$，不过，如之前小节所分析那样，我们还需考虑薄膜上的边界条件

$$\alpha_0'|_+ - \alpha_0'|_- = -3k\alpha_0(0) \tag{3-62}$$

这要求 C_1 和 C_2 满足关系

$$C_1(2-\sqrt{5+2\epsilon}) + C_2(2+\sqrt{5+2\epsilon}) = 0 \tag{3-63}$$

当取 $C_2 = 0$ 时，实际上要求 $2-\sqrt{5+2\epsilon} = 0$，即 $\epsilon = -\frac{1}{2}$，这意味着只有质量精确为 $M_{Elko}^2 = -k^2/2)$ 的快子 Elko 粒子的零模才能局域化在 RS Ⅱ 膜上，而任意具有正的五维质量的 Elko 粒子的零模则不能局域化。可见，通过引入质量项，使得原本完全不能局域化的 Elko 零模有了局域化在膜上的可能。

接下来我们考虑五维带耦合项的 Elko 场的有质量的 KK 模式的局域化。如我们在上一节所展示的那样，五维自由 Elko 场的有质量 KK 模式不能局域化在平直膜上。我们期望如同狄拉克费米场的情况一样，通过引入耦合项，使得五维 Elko 场的有质量的 KK 模式可以被局域化在膜上。我们这里仅仅考虑在零模情况时引入的简单而又有意义的耦合项$\eta\vec{\lambda}\phi^{n}\lambda$。不过，考虑到引入耦合项后的 KK 模式的方程（3-47）将会具有与五维自由 Elko 场情况下的方程具有相似的边界渐近行为，因此可以预见耦合项的引入很难改变 Elko 场 KK 模式的局域化的结果。我们仍然在不同的膜世界的情况下分别研究其有质量 KK 模式的局域化情况。

我们将五维质量项$M_{Elko}^{2}\vec{\lambda}\lambda$引入到 RS Ⅱ 模型中的五维 Elko 场作用量中。对于任意常数M_{Elko}，方程（3-47）形式为

$$-\alpha_{n}''+\left(\frac{(19+8\epsilon)k^{2}}{4(1+k|z|)^{2}}-\frac{3k\delta(z)}{1+k|z|}\right)\alpha_{n}=\left(m_{n}^{2}+\mathrm{i}m_{n}\frac{k\mathrm{sign}(z)}{1+k|z|}\right)\alpha_{n} \tag{3-64}$$

这里有$\epsilon=M_{Elko}^{2}/k^{2}$。很明显其边界的渐近行为和方程（3-43）是一样的，其一般解为

$$\begin{aligned}\alpha_{n}(z)=&C_{1}H(z)M_{\frac{1}{2},-\sqrt{5+2\epsilon}}\left(\mathrm{i}\frac{2m_{n}}{k}(k|z|+1)\right)+C_{2}H(-z)M_{\frac{1}{2},\sqrt{5+2\epsilon}}\left(\mathrm{i}\frac{2m_{n}}{k}(k|z|+1)\right)\\&+C_{3}W_{\frac{1}{2},-\sqrt{5+2\epsilon}}\left(\mathrm{i}\frac{2m_{n}}{k}(k|z|+1)\right)\end{aligned} \tag{3-65}$$

对于任意的ϵ，惠特克函数$M_{\frac{1}{2},\pm\sqrt{5+2\epsilon}}\left(\mathrm{i}\frac{2m_{n}}{k}(k|z|+1)\right)$和$W_{\frac{1}{2},-\sqrt{5+2\epsilon}}\left(\mathrm{i}\frac{2m_{n}}{k}(k|z|+1)\right)$总是发散的。因此我们在 RS Ⅱ 模型中通过引入五维质量项然不能得到仍束缚的五维 Elko 场的有质量的 KK 模式。

3.1.2 在 dS/AdS 薄膜上的局域化

接下来我们将上面的讨论由平直膜拓展到 dS/AdS 上。首先我们考虑一般的膜世界度规有

$$ds^2 = e^{2A(y)}\hat{g}_{\mu\nu}dx^{\mu}dx^{\nu} + dy^2 \tag{3-66}$$

这里为膜上的任意度规。我们同样引入共形变换 $dz = e^{-A(y)}dy$，则我们得到以下共形度规

$$ds^2 = e^{2A(z)}(\hat{g}_{\mu\nu}dx^{\mu}dx^{\nu} + dz^2) \tag{3-67}$$

将上面的度规带入五维自由 Elko 场的作用量（3-4），得到运动方程

$$\frac{1}{\sqrt{-g}}\partial_M(\sqrt{-g}g^{MN}\mathfrak{D}_N\lambda) = 0 \tag{3-68}$$

其中

$$\mathfrak{D}_M\lambda = (\partial_M + \Omega_M)\lambda,\quad \mathfrak{D}_M\vec{\lambda} = \partial_M\vec{\lambda} - \vec{\lambda}\Omega_M \tag{3-69}$$

而自旋联络 Ω_M 为

$$\Omega_\mu = \frac{1}{2}\partial_z A\gamma^\mu\gamma^5 \tag{3-70}$$

到这里与我们在平直膜得到的结果相同，注意这里 γ^μ 和 γ^5 为四维弯曲时空中的伽马矩阵，满足关系 $\{\gamma^\mu,\gamma^5\} = 2\hat{g}^{\mu\nu}$。

将度规（3-66）带入上述运动方程，我们有

$$\frac{1}{\sqrt{-\hat{g}}}\hat{\mathfrak{D}}_\mu(\sqrt{-\hat{g}}\hat{g}^{\mu\nu}) - \frac{1}{4}A'^2\hat{g}^{\mu\nu}\gamma_\mu\gamma_\nu\lambda$$

$$+\frac{1}{2}A'[\hat{\mathfrak{D}}_\mu(\hat{g}^{\mu\nu}\gamma_\nu\gamma^5\lambda) + \hat{g}^{\mu\nu}\gamma_\mu\gamma^5\hat{\mathfrak{D}}_\nu\lambda] + e^{-3A}\partial_z(e^{3A}\partial_z\lambda) = 0, \tag{3-71}$$

其中 $\hat{\mathfrak{D}}_\mu$ 为膜上的协变导数，$\hat{\mathfrak{D}}_\mu = \partial_\mu + \hat{\Omega}_\mu$，$\hat{\Omega}_\mu$ 是由 $\hat{g}_{\mu\nu}$ 的膜上的自旋联络。由 $\hat{\mathfrak{D}}_\mu\hat{e}^a_\nu = 0$ 可以得到 $\hat{\mathfrak{D}}_\mu\hat{g}^{\mu\nu} = \hat{\mathfrak{D}}_\mu(\hat{e}_a{}^\lambda\hat{e}^{a\rho}) = 0$，则上述方程可以被简化为

$$\frac{1}{\sqrt{-\hat{g}}}\hat{\mathfrak{D}}_\mu(\sqrt{-\hat{g}}\hat{g}^{\mu\nu}\hat{\mathfrak{D}}_\nu\lambda) - A'^2\lambda - A'\gamma^5\gamma^\mu\hat{\mathfrak{D}}_\mu\lambda + e^{-3A}\partial_z(e^{3A}\partial_z\lambda) = 0 \tag{3-72}$$

我们同样引入 KK 分解

$$\lambda^\pm \equiv e^{-3A/2}\sum_n(\alpha_n(z) + \beta_n(z)\tau_\pm^{(n)}\xi_{(n)}). \tag{3-73}$$

注意此时的 $\varsigma^\pm_{(n)}(x)$ 和 $\tau^{(n)}_\pm(x)$ 为任意弯曲四维时空中的 Elko 场，考虑在四

维弯曲时空中，Elko 场应当满足如下方程

$$\gamma^{\mu}\hat{\mathfrak{D}}_{\mu}\varsigma_{\pm}(x)=\mp\mathrm{i}\varsigma_{\pm}(x),\ \gamma^{\mu}\hat{\mathfrak{D}}_{\mu}tau_{\pm}(x)=\pm im_{\pm}(x) \tag{3-74}$$

$$\gamma^5\varsigma_{\pm}(x)=\pm\tau_{\pm}(x),\ \gamma^5\tau_{\pm}(x)=\mp\varsigma_{\pm}(x) \tag{3-75}$$

将上述方程代入方程（3-72），同时考虑四维弯曲时空中 Elko 场满足弯曲时空的克莱因-高登方程

$$\frac{1}{\sqrt{-\hat{g}}}\hat{\mathfrak{D}}_{\mu}(\sqrt{-\hat{g}}\hat{g}^{\mu\nu}\hat{\mathfrak{D}}_{\nu}\lambda_n)=m_n^2\lambda_n \tag{3-76}$$

这里 m_n 为弯曲时空中 Elko 场的质量。则我们得到关于额外维的 KK 模式的方程为

$$\alpha_n''-\left(\frac{3}{2}A''+\frac{13}{4}(A')^2-m_n^2\alpha_n+im_nA'\right)\alpha_n=0 \tag{3-77}$$

β_n 满足的方程与 α_n 相同，这是由他们满足的正交归一条件

$$\int\alpha_n^*\alpha_m\mathrm{d}z=\delta_{nm} \tag{3-78}$$

$$\int\beta_n^*\beta_m\mathrm{d}z=\delta_{nm} \tag{3-79}$$

$$\int\alpha_n^*\beta_m\mathrm{d}z=\int\alpha_m\beta_n^*\mathrm{d}z=\delta_{nm} \tag{3-80}$$

导致的。在满足了这样的正交归一条件后，我们便可以将五维任意时空的自由 Elko 场，约化得到四维任意时空中的无质量和有质量的 Elko 场。从上述的推导中，我们很明显地看到在任意弯曲时空中 Elko 场的 KK 方程与其在平直膜世界中的 KK 方程相同。对于零模的情况，我们有方程

$$(-\partial_z^2+V(z))\alpha_0=0,\quad V(z)=\frac{3}{2}A''+\frac{13}{4}(A')^2 \tag{3-81}$$

以及归一化条件 $\int\alpha_0^2=1$。对于 dS/AdS 上我们这里只考虑 Elko 场零模的局域化。

我们考虑一个嵌入在五维反德西特时空中的德西特薄膜，该模型的度规为

$$\mathrm{d}s^2=e^{2A(w)}[-\mathrm{d}t^2+e^{2Ht}(\mathrm{d}x^2+\mathrm{d}y^2+\mathrm{d}z^2)]+\mathrm{d}w^2 \tag{3-82}$$

这里额外维我们记为w，H为常数可看作膜上的哈勃常数。卷曲因子$e^{2A(w)}$的表达式为

$$e^{2A(w)}=\frac{H}{b}\sinh(\sigma-\epsilon(\lambda)b|w|) \tag{3-83}$$

其中σ和b是与模型相关的常数参数，一般我们取$b>0$，λ为膜上的张力，当$\lambda>0$时，$\epsilon(\lambda)=1$，而当$\lambda<0$时，$\epsilon(\lambda)=-1$。当我们考虑$\lambda>0$时，则额外维w的取值范围为$-\frac{\sigma}{b}<w<\frac{\sigma}{b}$。而当考虑λ<0时，额外维可以取到无限。由于我们对于 RSⅡ型的额外维无限的情况更感兴趣，所以这里我们只考虑$\lambda<0$，则有卷曲因子

$$e^{2A(w)}=\frac{H}{b}\sinh(\sigma+b|w|) \tag{3-84}$$

这里有$\sinh\sigma=\frac{H}{b}$。对这个卷曲因子，如果做共形变换$\mathrm{d}z=e^{-A(w)}\mathrm{d}w$，所得到的形式会非常复杂，因此我们还是考虑在额外维坐标w下的方程，此时方程（3-81）变为

$$\left[-e^{2A}\partial_w^2-e^{2A}A'\partial_w+e^{2A}\left(\frac{3}{2}A''+\frac{13}{4}(A')^2\right)\right]\alpha_0(w)=0 \tag{3-85}$$

令$\lambda_0(w)=\rho(w)e^{-\frac{1}{2}A(w)}$，我们可以得到关于$\rho(w)$的类薛定谔方程$-\partial_w^2\rho(w)+(2A''(w)+5(A'(w))^2)\rho(w)=0$，其具体形式为

$$-\partial_w^2\rho(w)+\left(5+3\operatorname{csch}(\sigma+b|w|)^2+\frac{2}{b}\coth(|w|+\sigma)\delta(w)\right)\rho(w)=0 \tag{3-86}$$

同样的，对于$w\to0$时，$\rho(w)$应当满足边界条件

$$\rho_0'|_+-\rho_0'|_-=-\frac{2}{b}\coth(\sigma)\rho_0(0) \tag{3-87}$$

上述方程虽然看着简单，但是其解仍然无法简单用初等函数表示出来。不过我们可以从另外两个方面去研究其局域化性质，一种方法是从势函数的角度去看，很明显，在考虑$\lambda<0$时，有效势函数$5+3\operatorname{csch}(\sigma+|w|)^2+b\coth(|w|+\sigma)$是一个始终大于 0 的函数，这样的势函数是没有能力去束缚住零模及其他有

质量的 KK 模式的，因此我们判断在 RSⅡ型的德西特薄膜上，五维自由 Elko 场的零模无法局域化。相同的结论也可以从另一个侧面看出，之前我们已经论证过，厚膜模型的极限就是薄膜模型，因此对于自由物质场，其零模往往在厚膜模型中无法局域化的话，那么它在薄膜模型中也无法局域化。由此，我们可以考虑一个简单的德西特厚膜模型。其度规和卷曲因子可以直接在共形坐标下写出来

$$\mathrm{d}s^2=e^{2A(z)}(-\mathrm{d}t^2+e^{2Ht}\mathrm{d}x^i\mathrm{d}x^i+\mathrm{d}z^2),\quad e^{2A(z)}=\cosh^{-2\delta}\left(\frac{Hz}{b}\right) \tag{3-88}$$

其中 δ 为与膜相关的常数参数，一般大于 0，而 H 含义与薄膜情况一样。将上面的度规和卷曲因子代入方程（3-81）中，我们得到

$$-\partial_z^2\alpha_0(z)+\frac{1}{4}\delta[13\delta-(13\delta+6)\mathrm{sech}^2(z)]\alpha_0(z)=0 \tag{3-89}$$

为了方便，上面的方程中 z 已经吸收了 H/δ。该方程的解有

$$\alpha_0(z)=C_1P_a^b(\tanh(z))+C_2Q_a^b(\tanh(z))$$
$$a=\frac{1}{2}(-1+\sqrt{1+6\delta+13\delta^2}),\quad b=\frac{\sqrt{13}}{2}\delta \tag{3-90}$$

其中 C_1、C_2 是积分常数，$P_a^b(\tanh(z))$ 和 $C_2Q_a^b(\tanh(z))$ 是勒让德函数，在之前的小节中我们已经介绍过勒让德函数的性质，很明显上面的解在定义域内总是发散的，从而使得解无法满足归一化条件。由此我们判断五维自由 Elko 场的零模无法在该德西特厚膜中局域化，取其薄膜极限，也就得到了五维自由 Elko 场的零模无法在 RSⅡ型的德西特薄膜上局域化。

我们考虑一个 RSⅡ型的反德西特薄膜，其度规为

$$\mathrm{d}s^2=e^{2A(w)}[\mathrm{d}x^2+e^{2Hx}(\mathrm{d}y^2+\mathrm{d}z^2-\mathrm{d}t^2)]+\mathrm{d}w^2 \tag{3-91}$$

其卷曲因子为

$$e^{2A(w)}=\frac{H}{b}(\epsilon(\lambda)b|w|-\sigma) \tag{3-92}$$

其中各项参数定义与 RSⅡ德西特薄膜一致，我们仍然考虑 $\epsilon(\lambda)=1$（对

于 $\epsilon(\lambda)=-1$），由于 cosh 函数为偶函数，所以实际上两种情况只在 cosh 中相差常数 2σ，对于我们这里研究的局域化结果不产生根本影响），则有 $\cosh\sigma$，我们仍然定义 $\lambda_0(w)=\rho(w)e^{-\frac{1}{2}A(w)}$，我们可以从零模方程（3-81）得到关于 $\rho(w)$ 的类薛定谔方程 $-\partial_w^2\rho(w)+(2A''(w)+5(A'(w))^2)\rho(w)=0$，其具体形式为

$$-\partial_w^2\rho(w)+\left(5-3\mathrm{sech}(b|w|-\sigma)^2+\frac{2}{b}\tanh(b|w|-\sigma)\delta(w)\right)\rho(w)=0 \quad (3\text{-}93)$$

$\rho(w)$在$w\to 0$处需要满足边界条件

$$\rho_0'|_+-\rho_0'|_-=-\frac{2}{b}\tanh(\sigma)\rho_0(0) \quad (3\text{-}94)$$

上述方程的一般解为

$$[\rho(w)=C_1P^{\sqrt{5}}_{\frac{1}{2}(-1+\sqrt{13})}(\tanh(b|w|-\sigma))+C_2Q^{\sqrt{5}}_{\frac{1}{2}(-1+\sqrt{13})}(\tanh(b|w|-\sigma)) \quad (3\text{-}95)$$

其中 C_1、C_2 是积分常数，由勒让德函数的性质可知上述解在无穷远处总是发散的，而 $\alpha_0(w)=\rho(w)e^{-\frac{1}{2}A(w)}$，可以看到此时五维自由 Elko 场的零模在无穷远处总是发散的，从而无法得到一个可以满足归一化条件的解，因此五维自由无质量 Elko 场的零模在 RSⅡ反德西特薄膜上仍然不能局域化。

3.2　Elko 场在厚膜上的局域化性质

作为狄拉克费米场的一般作用量（1-54），Elko 场的一般作用量可以写成

$$S_{Elko}=\int d^n x\sqrt{-g}\left[-\frac{1}{4}fg^{MN}(\mathfrak{D}_M\bar{\lambda}\mathfrak{D}_N\lambda+\mathfrak{D}_N\bar{\lambda}\mathfrak{D}_M\lambda)-\eta F\bar{\lambda}\lambda\right] \quad (3\text{-}96)$$

其中 f 和 F 是背景标量场 ϕ 和/或里奇标量 R 的函数，η 是耦合常数。Elko 场的局域化研究大多集中在五维情况下，因此我们默认时空维数 n=5。只有在文献［121］中讨论了六维 Elko 场的局域化，我们将在后面的章节中展示这项工作。

首先，我们考虑自由 Elko 场的局域化，即 $f=1$ 和 $F=1$。式（3-96）中的协变导数为

$$\mathfrak{D}_M\lambda=(\partial_M+\Omega_M)\lambda \quad \mathfrak{D}_m\vec{\lambda}=\partial_M\vec{\lambda}-\vec{\lambda}\Omega_M \tag{3-97}$$

在这里，自旋联络 Ω_M 定义为

$$\Omega_M=-\frac{i}{2}(e_{\bar{A}P}e_{\bar{B}}{}^N\Gamma^P_{MN}-e_{\bar{B}}{}^N\partial_M e_{\bar{A}N})S^{\bar{A}\bar{B}}$$

$$S^{\bar{A}\bar{B}}=\frac{i}{4}[\gamma^{\bar{A}},\gamma^{\bar{B}}] \tag{3-98}$$

考虑共形度规（1-3），自旋联络 Ω_M 的非消失分量为

$$\Omega_\mu=\frac{1}{2}\partial_z A\gamma_\mu\gamma_5+\hat{\Omega}_\mu \tag{3-99}$$

注意，它与狄拉克费米场情况下自旋联络（1-55）的非消失分量相似。与标量场（4-8）的运动方程一样，Elko 场的运动方程为

$$\frac{1}{\sqrt{-g}}\mathfrak{D}_M(\sqrt{-g}g^{MN}\mathfrak{D}_N\lambda)=0 \tag{3-100}$$

通过度规（1-3）和自旋联络（3-99）的非消失分量可以改写为如下形式

$$\frac{1}{\sqrt{-g}}\hat{\mathfrak{D}}_\mu(\sqrt{-g}\hat{g}^{MN}\hat{\mathfrak{D}}_\nu\lambda)-\frac{1}{4}A'^2\hat{g}^{\mu\nu}\gamma_\mu\gamma_\nu\lambda+e^{-3A}\partial_z(e^{3A}\partial_z\lambda)$$

$$+\frac{1}{2}A'[\hat{\mathfrak{D}}_\mu(\hat{g}^{\mu\nu}\gamma_\nu\gamma_5\lambda)+\hat{g}^{\mu\nu}\gamma_\mu\gamma_5\hat{\mathfrak{D}}_\nu\lambda]=0 \tag{3-101}$$

这里，因为 $\hat{\mathfrak{D}}_\mu\hat{e}^a_\nu=0$ 我们有 $\hat{\mathfrak{D}}_\mu\hat{g}^{\lambda\rho}=\hat{\mathfrak{D}}_\mu(\hat{e}^\lambda_a\hat{e}^{a\rho})$，因此，上式可化简为

$$\frac{1}{\sqrt{-\hat{g}}}\hat{\mathfrak{D}}_\mu(\sqrt{-\hat{g}}\hat{g}^{\mu\nu}\hat{\mathfrak{D}}_\nu\lambda)-A'^2\gamma^5\gamma^\mu\hat{\mathfrak{D}}_\mu\lambda-A'\lambda+e^{-3A}\partial_z(e^{3A}\partial_z\lambda)=0 \tag{3-102}$$

就像狄拉克费米场的情况一样，一般的解将不可避免地是两种不同类型的 Elko 旋子的线性组合。因此，我们将 Elko 场分解为 $\lambda=\lambda_+ +\lambda_-$，并引入一般的 KK 分解

$$\lambda_\pm\equiv e^{-3A/2}\sum_n\alpha_{n\pm}(z)\varsigma^{(n)}_\pm(x)+\beta_{n\pm}(z)\tau^{(n)}_\pm(x) \tag{3-103}$$

由于方程（3-102）中的算子不改变下标“+”和“−”以及λ_+和λ_-是线性无关的，因此(α_{n+},β_{n+})和(α_{n-},β_{n-})总是相同的。我们只需要考虑其中一个为了简单起见，省略了α_n和β_n函数的±下标。另外，$\varsigma_\pm^n(x)$和$\tau_\pm^n(x)$是线性无关的四维 Elko 场，满足

$$\gamma^\mu\hat{\mathfrak{D}}_\mu\varsigma_\pm(x)=\mp i\varsigma_\mp(x),\quad \gamma^\mu\hat{\mathfrak{D}}_\mu\tau_\pm(x)=\pm i\tau_\mp(x) \tag{3-104}$$

$$\gamma^5\varsigma_\pm(x)=\pm\tau_\mp(x),\quad \gamma^5\tau_\pm(x)=\mp\varsigma_\mp(x) \tag{3-105}$$

而膜上$\hat{\lambda}^n$的一般四维 Elko 场满足四维质量 K-G 方程

$$\frac{1}{\sqrt{-\hat{g}}}\hat{\mathfrak{D}}_\mu(\sqrt{-\hat{g}}\hat{g}^{\mu\nu}\hat{\mathfrak{D}}_\nu\hat{\lambda}^n)=m_n^2\hat{\lambda}^n \tag{3-106}$$

因此，我们可以得到 Elko KK 模α_n和β_n的方程

$$\left(\alpha_n''-\frac{3}{2}A''\alpha_n-\frac{13}{4}(A')^2\alpha_n+m_n^2\alpha_n-im_nA'\beta_n\right)\varsigma_\pm^{(n)}$$

$$+(\beta_n''-\frac{3}{2}A''\beta_n-\frac{13}{4}(A')^2\beta_n+m_n^2\beta_n-im_nA'\alpha_n)\tau_\pm^{(n)}=0 \tag{3-107}$$

注意，这些表示从现在开始对 z 求导。然后，由于$\varsigma_\pm^{(n)}$和$\tau_\pm^n$的线性无关性，可以得到α_n和β_n的耦合方程

$$\alpha_n''-\left(\frac{3}{2}A''+\frac{13}{4}(A')^2-m_n^2\right)\alpha_n-im_nA'\beta_n=0 \tag{3-108}$$

$$\beta_n''-\left(\frac{3}{2}A''+\frac{13}{4}(A')^2-m_n^2\right)\beta_n-im_nA'\alpha_n=0 \tag{3-109}$$

另外，通过定义函数a_n和b_n由

$$\alpha_n=\frac{1}{\sqrt{2}}(a_n+b_n),\quad \beta_n=\frac{1}{\sqrt{2}}(a_n-b_n) \tag{3-110}$$

我们会得到下面的方程

$$a_n''-\left(\frac{3}{2}A''+\frac{13}{4}(A')^2-m_n^2+im_nA'\right)a_n=0 \tag{3-111}$$

$$b_n''-\left(\frac{3}{2}A''+\frac{13}{4}(A')^2-m_n^2-im_nA'\right)b_n=0 \tag{3-112}$$

对于五维对偶 Elko 场 $\overset{\neg}{\lambda}$，KK 分解应为

$$\overset{\neg}{\lambda}_{\pm} \equiv e^{-3A/2}\sum_{n}(\alpha_{n}^{*}(z)\overset{\neg}{\varsigma}_{\pm}^{(n)}(x)+\beta_{n}^{*}(z)\overset{\neg}{\tau}_{\pm}^{(n)}(x)) \tag{3-113}$$

其中四维对偶 Elko 场 $\overset{\neg}{\varsigma}_{\pm}^{(n)}$ 和 $\overset{\neg}{\tau}_{\pm}^{(n)}$ 满足下式

$$\hat{\mathfrak{D}}_{\mu}\overset{\neg}{\varsigma}_{\pm}^{(n)}\gamma^{\mu}=\pm i m_{n}\overset{\neg}{\varsigma}_{\mp}^{(n)},\quad \hat{\mathfrak{D}}_{\mu}\overset{\neg}{\tau}_{\pm}^{(n)}\gamma^{\mu}=\mp i m_{n}\overset{\neg}{\tau}_{\mp}^{(n)} \tag{3-114}$$

$$\overset{\neg}{\varsigma}_{\pm}^{(n)}\gamma^{5}=\mp\overset{\neg}{\tau}_{\mp}^{(n)},\quad \overset{\neg}{\tau}_{\pm}^{(n)}\gamma^{5}=\pm\overset{\neg}{\varsigma}_{\mp}^{(n)} \tag{3-115}$$

作为标量场和狄拉克费米场，将 KK 分解式（3-103）和式（3-113）代入五维自由 Elko 场的作用量，可以得到四维无质量 Elko 场和一系列四维有质量 Elko 场的作用量

$$\begin{aligned}S_{Elko}&=-\frac{1}{4}\int \mathrm{d}^{5}x\sqrt{-g}g^{MN}(\hat{\mathfrak{D}}_{M}\overset{\neg}{\lambda}\hat{\mathfrak{D}}_{N}\lambda+\hat{\mathfrak{D}}_{N}\overset{\neg}{\lambda}\hat{\mathfrak{D}}_{M}\lambda)\\&=-\frac{1}{2}\sum_{n}\int \mathrm{d}^{4}x\left[\frac{1}{2}\hat{g}^{\mu\nu}(\hat{\mathfrak{D}}_{\mu}\hat{\overset{\neg}{\lambda}}^{n}\hat{\mathfrak{D}}_{\nu}\hat{\lambda}^{n}+\hat{\mathfrak{D}}_{\nu}\hat{\overset{\neg}{\lambda}}^{n}\hat{\mathfrak{D}}_{\mu}\hat{\lambda}^{n})+m_{n}^{2}\hat{\overset{\neg}{\lambda}}^{n}\hat{\lambda}^{n}\right]\end{aligned} \tag{3-116}$$

通过引入 α_n 和 β_n 的正交性条件

$$\int \alpha_{n}^{*}\alpha_{m}\,\mathrm{d}z=\delta_{nm} \tag{3-117}$$

$$\int \beta_{n}^{*}\beta_{m}\,\mathrm{d}z=\delta_{nm} \tag{3-118}$$

$$\int \alpha_{n}^{*}\beta_{m}\,\mathrm{d}z=\int \alpha_{n}\beta_{m}^{*}\,\mathrm{d}z=\delta_{nm} \tag{3-119}$$

显然，a_n 和 b_n 的对应条件为

$$\int a_{n}^{*}a_{m}\,\mathrm{d}z=2\int(\alpha_{n}^{*}+\beta_{n}^{*})(\alpha_{m}+\beta_{m})=8\delta_{nm} \tag{3-120}$$

$$\int b_{n}^{*}b_{m}\,\mathrm{d}z=2\int(\alpha_{n}^{*}-\beta_{n}^{*})(\alpha_{m}-\beta_{m})=0 \tag{3-121}$$

上述条件表明 $b_n=0$ 和 $\alpha_n=\beta_n$，这意味着不同类型的 Elko 场的 KK 模是相同的，无法区分。因此，我们可以将 KK 分解简化为

$$\begin{aligned}\lambda_{\pm}&=e^{-3A/2}\sum_{n}(\alpha_{n}(z)\varsigma_{\pm}^{(n)}(x)+\alpha_{n}(z)\tau_{\pm}^{(n)}(x))\\&=e^{-3A/2}\sum_{n}\alpha_{n}(z)\hat{\lambda}_{\pm}^{n}(x)\end{aligned} \tag{3-122}$$

并且 KK 模 α_n 的运动方程为

$$\alpha_n''-\left(\frac{3}{2}A''+\frac{13}{4}(A')^2-m_n^2+im_nA'\right)\alpha_n=0 \tag{3-123}$$

特别地，当我们考虑零模 α_0 时，式（3-123）简化为

$$[-\partial_z^2+V_0(z)]\alpha_0(z)=0 \tag{3-124}$$

和

$$V_0(z)=\frac{3}{2}A''+\frac{13}{4}(A')^2 \tag{3-125}$$

并且归一化条件

$$\int\alpha_0^*\alpha_0\,\mathrm{d}z=1 \tag{3-126}$$

3.2.1　在平直厚膜上的局域化

接下来，我们考虑 Elko 场零膜在平直厚膜的局域化情况。厚膜模型的种类很多，其性质也各自不同。这里我们仅仅考虑膜厚镶嵌在渐进 AdS 时空的膜厚模型。绝大部分的厚膜模型属于这种情况，比如由一个单标量场生成厚膜的模型、引力非最小耦合标量场的模型等等[15-21,102-104]。作为例子，我们列举两类模型，一个是引力耦合一个经典的标量场[21,17,18]，而另一个是标量场非最小耦合于里奇标量[21,102-104]。

对于引力耦合一个经典标量场的厚膜模型，其作用量为

$$S=\int d^5x\sqrt{-g}\left[\frac{1}{2}R-\frac{1}{2}(\partial\phi)^2-V(\phi)\right] \tag{3-127}$$

其中势函数为 sine-Gordon 势

$$V(\phi)=\frac{3}{2}c^2[3b^2\cos^2(b\phi)-4\sin^2(b\phi)] \tag{3-128}$$

再考虑平直膜度规（3-1），可以得到卷曲因子和标量场的解为[21,17,18]

$$e^{A(y)}=[\cosh(cb^2y)]^{-1/3b^2} \tag{3-129}$$

$$\phi(y)=\frac{2}{b}\arctan\tanh\left(\frac{3}{2}cb^2y\right) \tag{3-130}$$

这里 b 和 c 是与膜的厚度相关的参数。

此外，文献［21，102-104］关注了由一个标量场函数非最小耦合里奇标量产生的厚膜世界解，其作用量为

$$S=\int d^5x\sqrt{-g}\left[f(\phi)R-\frac{1}{2}(\partial\phi)^2-V(\phi)\right] \tag{3-131}$$

这里 $f(\phi)$ 为标量场 ϕ 的函数。此作用量可通过共形变换 $g_{MN}\to 2\tilde{g}_{MN}f(\phi)$ 共形等价于带 $\frac{1}{2}R$ 项的爱因斯坦形式作用量。考虑耦合函数

$$f(\phi)=\frac{1}{2}(1-\xi\phi^2) \tag{3-132}$$

和度规（3-1），当耦合常数非零时 $\xi\neq0$，可以得到如下解[21,102,104]

$$e^{A(y)}=[\cosh(ay)]^{-\gamma} \tag{3-133}$$

$$\phi(y)=\phi_0\tanh(ay) \tag{3-134}$$

其中 $\gamma=2\left(\frac{1}{\xi}-6\right)$，$\phi_0=a^{-1}\phi(0)=\sqrt{\frac{3(1-6\xi)}{\xi(1-2\xi)}}$。当参数 ξ 满足 $0<\xi<1/6$ 时，意味着 $\gamma>0$。

显然，我们可以将上面两个例子的卷曲因子写做一个统一的形式

$$e^{2A(y)}=\cosh^{-2b}(ay) \tag{3-135}$$

这里 b 是一个正的实常数而 α 则为任意的常参数。由此我们利用这统一的卷曲因子（3-135）来分析 Elko 场零模在这些厚膜模型上的局域化性质。注意卷曲因子 $e^{2A(y)}$ 是额外维坐标 y 的函数，但方程（3-32）需要用共形平直坐标 z 来展开。因此，我们需要利用坐标变换（3-2）来得到 z 和 y 的关系：

$$z(y)=-i\frac{\sqrt{\pi}\Gamma\left(\frac{1+b}{2}\right)}{2|a|\Gamma\left(1+\frac{b}{2}\right)}+i\,\mathrm{sign}(ay)\frac{[\cosh(ay)]^{1+b}}{a(1+b)}F \tag{3-136}$$

这里 F 是超几何函数

$$F = {}_2F_1\left[\frac{1}{2},\frac{1+b}{2},\frac{3+b}{2},\cosh^2(\alpha y)\right] \tag{3-137}$$

这里我们面临的困难在于对于一般的 a 和 b，我们无法通过方程 $z(y)$（3-136）得到 y（z）的解析表达式。但我们能将势函数 V_0（3-33）写作 y 的方程：

$$V_0(z(y)) = \mathrm{e}^{2A}\left(\frac{3}{2}\partial_y^2 A + \frac{19}{4}(\partial_y A)^2\right) \tag{3-138}$$

我们将其图像在图 3.1 中展示，可以看到 $z(y)$是单调连续函数。这意味着 $V_0(z)$ 和 $V_0(z(y))$ 有相似的形状和性质。

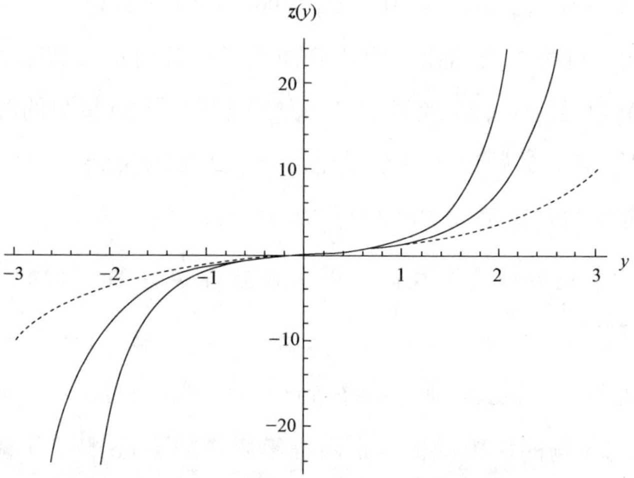

图 3-1　方程 $z(y)$的图像。其中对于断线参数取 $b=1$，对于细线 $b=2$ 、粗线 $b=3$，则统一取为 $a=1$。

现在我们考虑零模 $a_0(z)$。方程（3-32）在额外维坐标 y 下写作

$$[-e^{2A}\partial_y^2 - e^{2A}A'\partial_y + V_0(z(y))]\alpha_0(z(y)) = 0 \tag{3-139}$$

这里零模 $\alpha_0(z(y))$ 将有和 $\alpha_0(z)$ 相似的图形和性质。取 $\alpha_0(z(y)) = e^{-\frac{1}{2}A(y)}\rho(y)$，上面的方程可简化为

$$[-\partial_y^2 + 5a^2b^2 - a^2b(2+5b)\mathrm{sech}^2(ay)]\rho(y) = 0 \tag{3-140}$$

此方程的一般解为

$$\rho(y)=C_1P_{q-1}^{\sqrt{5b}}(\tanh(ay))+C_2Q_{q-1}^{\sqrt{5b}}(\tanh(ay)) \qquad (3\text{-}141)$$

这里 C_1 和 C_2 是积分常数，$q(q-1)=b(2+5b))$，P 和 Q 代表第一和第二勒让德函数。

由此我们得到零模解

$$\alpha_0(y)=\cosh^{b/2}(ay)[C_1P_{q-1}^{\sqrt{5b}}(\tanh(ay))+C_2Q_{q-1}^{\sqrt{5b}}(\tanh(ay))] \qquad (3\text{-}142)$$

对于任意的 $b>0$，$\cosh^{b/2}(ay)$ 将在 $y\to\pm\infty$ 的时候发散。因此对于束缚态，正交归一条件（3-34）要求 $\rho(y)$ 必须在 $y\to\pm\infty$ 的时候为零。从解（3-141）看出，$\rho(y)$ 是两种勒让德函数的线性组合。根据特殊函数理论，我们知道勒让德函数 $P_{q-1}^{\sqrt{5b}}(\tanh(ay))$ 和 $Q_{q-1}^{\sqrt{5b}}(\tanh(ay))$ 只有在一些非常强的条件下才是收敛的。对第一类勒让德函数 P 而言，只有当 $q-1$ 和 $\sqrt{5b}$ 为整数，或者当 $\mathrm{Re}(\sqrt{5b})<0$ 且 $q-\sqrt{5b}$ 或者 $q-1-\sqrt{5b}$ 是零或者负整数的时候，P 才是收敛的。而对于第二类勒让德函数 Q 而言，则要求 $\mathrm{Re}(\sqrt{5b})>0$ 且 $q-1$ 和 $\sqrt{5b}$ 都是正的半奇整数，或者当 $\mathrm{Re}(\sqrt{5b})<0$ 时，$q-1-\sqrt{5b}$ 是一个负的整数但是 $\sqrt{5b}$ 不是一个整数。这里我们可以求解方程 $q(q-1)=b(2+5b)$ 得到 $q=\frac{1}{2}(1\pm\sqrt{1+8b+20b^2})$。显然，这些都不能满足上述那些苛刻的条件而使得零模解在 $y=\pm\infty$ 处收敛。因此我们不能得到一个束缚的 Elko 零模解。由此五维自由无质量 Elko 场的零模，也就是四维零质量的 Elko 粒子不能局域化在平直厚膜上。这个结果是非常自然的，因为我们考虑的这些厚膜在 $z\to\infty$ 的时候和 RSⅡ模型有相似的性质，而且当其膜的厚度趋于零的时候便会回到 RSⅡ模型，所以对于薄膜情况下无法局域的 Elko 零模，膜厚的情况给予了同样的结论。

对于有质量 KK 膜的局域化我们仍然选择式子（3-133）作为厚膜模型的统一的卷曲因子。简单起见我们取 $b=1$，则我们有 $az=\sinh(ay)$，且方程（3-31）的形式为

$$-\left(-\alpha_n''+\frac{a^2(-6+19(az)^2)}{4(1+(az)^2)^2}\alpha_n=\left(m_n^2+im_n\frac{a^2z}{1+(az)^2}\right)\alpha_n\right) \qquad (3\text{-}143)$$

想要得到一般的解析解显然是十分困难的，但是我们可以分析上述方程的边界行为。当 $z \to \infty$ 时，$A'(z)$ 和 $A''(z)$ 具有和在 RSⅡ模型中相似的行为。因此方程（3-143）具有和（3-141）相似的边界行为，其解也应该具有相似的性质。因此结果应当和 RSⅡ模型的结果相同，即对于这种厚膜模型，有质量的 Elko KK 模式不能局域化在膜上。这个分析是合理的，其缘由这些厚膜都镶嵌在渐进 AdS 时空当中。

我们也能通过下面的分析得到相同的结论。根据方程（3-31）有质量的 KK 模式 $\alpha_n(z)$ 应当是一个复数函数。取 $\alpha_n(z) = R_n(z) + iI_n(z))$，其中 $R_n(z)$ 和 $I_n(z)$ 是实函数，则方程（3-31）化为

$$R_n'' - \left(\frac{3}{2}A'' + \frac{13}{4}(A')^2 - m_n^2\right)R_n + m_n A' I_n$$
$$+ i\left[I_n'' - \left(\frac{3}{2}A'' + \frac{13}{4}(A')^2 - m_n^2\right)I_n - m_n A' R_n\right] = 0 \qquad (3\text{-}144)$$

由此我们得到以下耦合方程

$$-R_n'' + V_e R_n - m_n A' I_n = m_n^2 R_n \qquad (3\text{-}145)$$

$$-I_n'' + V_e I_n + m_n A' R_n = m_n^2 I_n \qquad (3\text{-}146)$$

这里有 $V_e = \frac{3}{2}A'' + \frac{13}{4}(A')^2$。由于我们的研究对象仅仅是 RSⅡ模型和那些镶嵌在渐进 AdS 时空中的厚膜模型，所以当 $z \to \infty$ 有 $A' \to 0$。因此当 $z \to \infty$ 时，在方程（3-145）和（3-146）中的 $m_n A' I_n$ 和 $m_n A' R_n$ 两项会趋于零，此时方程（3-145）和（3-146）趋近于

$$-R_n'' + V_e R_n = m_n^2 R_n \qquad (3\text{-}147)$$

$$-I_n'' + V_e I_n = m_n^2 I_n \qquad (3\text{-}148)$$

这是两个类薛定谔方程，对于这些镶嵌在 AdS 时空或者渐进 AdS 时空的膜世界而言，其有效势函数 V_e 为火山势，其值在额外维的边界上趋近于零。对于这类火山势，据我们所知是不存在有质量的 KK 模式的。因此所有有质量的 KK 模式都不能正规化为也就不能被局域化在这些膜上。这情况和五维自由无质量标量场和狄拉克旋量场类似。我们可以通过下面的解释来从物理

上理解这个结果。通常来说，膜具有束缚物质场的能力。具体来说，局域化的性质由好几个因素决定，比如膜的结构、额外维的数量、物质场 KK 模式的质量，以及物质场和生成膜的背景标量场的耦合方式等等。我们已经知道通常五维自由无质量标量场的零模可以局域化在那些镶嵌在五维 AdS 或者渐近 AdS 时空的平直膜上，但是五维自由无质量矢量场和五维狄拉克旋量场不能。对于这些膜来说，自由标量场、矢量场和费米场的有质量 KK 模式都不能被局域化。但是，如果我们考虑 de-Sitter 或者 Anti-de-Sitter 膜的话，或者引入物质场与背景标量场的耦合，这些物质场就有可能被局域化在膜上。由于 Elko 场同时具有标量场和狄拉克旋量场的性质和特点，其有质量的 KK 模式不能在我们所考察的那些平直膜上局域化也就不奇怪了。可见，即使有一个虚数单位存在于 Elko 场的 KK 模式的动力学方程里面，其结果也和标量场与狄拉克费米场的结果相似。

3.2.1.1 汤川耦合

如上一节所示，对于五维时空中的自由 Elko 场，我们不能在膜上得到任何有界零模和大质量 KK 模。作为狄拉克费米场在膜上的局域化，我们引入了 Elko 场与背景标量场或里奇标量 R 之间的相互作用。最简单的选择是类汤川耦合，即在作用式（3-96）中选择 $f=1$ 和 $F=F(\phi)$ 或 $F(R)$。

具有汤川型耦合的 Elko 场的运动方程为

$$\frac{1}{\sqrt{-g}}\mathfrak{D}_M(\sqrt{-g}g^{MN}\mathfrak{D}_N\lambda)-2\eta F\lambda=0 \tag{3-149}$$

考虑度规（1-3）并使用自旋联络（3-99）的非消失分量，将上述方程改写为

$$\frac{1}{\sqrt{-\hat{g}}}\hat{\mathfrak{D}}_\mu(\sqrt{-\hat{g}}\hat{g}^{\mu\nu}\hat{\mathfrak{D}}_\nu\lambda)-A'\gamma^5\gamma^\mu\hat{\mathfrak{D}}_\mu\lambda-A'^2\lambda+e^{-3A}\partial_z(e^{3A}\partial_z\lambda)-2\eta e^{2A}F\lambda=0 \tag{3-150}$$

然后，通过 KK 分解式（3-122），得到 Elko KK 模 α_n 的运动方程

$$\alpha_n'' - \left(\frac{3}{2}A'' + \frac{13}{4}(A')^2 + 2\eta e^{2A}F - m_n^2 + im_n A'\right)\alpha_n = 0 \tag{3-151}$$

通过引入标准正交性条件（3-117），我们可以从具有类汤川耦合的五维无质量 Elko 场的作用中得到四维无质量 Elko 场和大质量 Elko 场的有效作用。在本节中，我们重点关注零模的局域化，其中方程（3-151）为 $[-\partial_z^2 + V_0^Y(z)]\alpha_0(z) = 0$，有效势

$$V_0^Y(z) = \frac{3}{2}A'' + \frac{13}{4}A'^2 + 2\eta e^{2A}F \tag{3-152}$$

归一化条件为（3-149）。如前面 3.1 节所示，得到膜上标量场的零模并不难，因为对应的类薛定谔方程可以因式分解，这是由于 A'^2 的系数是 A'' 的系数的平方。我们可以发现，（3-148）中的 V_0 与有效势 $V_\Phi(z) = \frac{3}{2}\partial_z^2 A + \frac{9}{4}(\partial_z A)^2$ 中的 V_Φ 的 A'^2 系数的差异阻止了 A'^2 的因式分解，从而导致我们无法得到自由 Elko 场的局域零模。然而，当引入适当的 F 时，A'' 和 A'^2 的系数是可以调节的。因此，我们假设

$$\frac{3}{2}A'' + \frac{13}{4}A'^2 + 2\eta e^{2A}F = (pA')' + (pA')^2 \tag{3-153}$$

p 是一个实数。由式（3-153）可以得到 $F(\phi)$ 的形式

$$F = -\frac{1}{2\eta}e^{-2A}\left[\left(p - \frac{3}{2}\right)A'' + \left(p^2 - \frac{13}{4}\right)A'^2\right] \tag{3-154}$$

Elko 零模由下面给出

$$\alpha_0(z) \propto e^{pA(z)} \tag{3-155}$$

注意，在 $F(\phi)$（3-154）的表达式中存在一个因子 e^{-2A}，所以当 $z \to \infty$ 时，卷曲因子 e^{2A} 和 $F(\phi)$ 的边界值应该正好相反。

对于 RS-2 模型，可以引入五维和四维质量项[119]，即：

$$\eta F = \frac{1}{2}(M^2 + c\delta(z)) \tag{3-156}$$

因为该模型中不存在背景标量场 φ。考虑 RS-2 解 $A(z) = -\ln(\kappa|z|+1)$，方程（3-150）为

$$\alpha_n'' - \left[\left(\frac{19\kappa^2}{4} + M^2\right)(\kappa|z|+1)^{-2} + (c-3\kappa)\delta(z) - m_n^2 - im\kappa\operatorname{sgn}(z)(\kappa|z|+1)^{-1}\right]$$
$$\times\alpha_n(z) = 0$$

（3-157）

对于零模，它有如下的解

$$a_0 = C_1(\kappa|z|+1)^{1/2+\nu} + C_2(\kappa|z|+1)^{1/2-\nu} \tag{3-158}$$

$\nu = \sqrt{5 + M^2/\kappa^2}$。积分参数 C_1 和 C_2 应满足边界条件

$$(2\kappa(2+\nu)-c)C_1 + (2\kappa(2-\nu)-c)C_2 = 0 \tag{3-159}$$

通过固定 $c = 2\kappa(2-\nu)$，可以得到束缚零模

$$a_0 = \frac{(\kappa|z|+1)^{1/2-\nu}}{\sqrt{\kappa(\nu-1)}} \tag{3-160}$$

大质量 KK 模的解是

$$a_n(z) = C_1\theta(z)M_{1/2,\nu}(i2m_n/\kappa(\kappa|z|+1)) + C_2\theta(-z)M_{-1/2,\nu}(i2m_n/\kappa(\kappa|z|+1))$$
$$+C_3\theta(z)W_{1/2,\nu}(i2m_n/\kappa(\kappa|z|+1)) + C_4\theta(-z)W_{-1/2,\nu}(i2m_n/\kappa(\kappa|z|+1))$$

（3-161）

这里，积分参数 C_1、C_2、C_3 和 C_4 必须满足以下边界条件

$$C_1M_{1/2,\nu}(2im_n/k) - C_2M_{-1/2,\nu}(2im_n/k) + C_3W_{1/2,\nu}(2im_n/k) - C_4W_{-1/2,\nu}(2im_n/k) = 0$$
$$4im_n[C_1M'_{1/2,\nu}(u) + C_2M'_{-1/2,\nu}(u)] - (c-3\kappa)(C_1M_{1/2,\nu}(im_n/k) + C_2M_{-1/2,\nu}(im_n/k))$$
$$+4im_n[C_3W'_{1/2,\nu}(u) + C_4W'_{-1/2,\nu}(u)] - (c-3\kappa)(C_3W_{1/2,\nu}(im_n/k) + C_4W_{-1/2,\nu}(im_n/k)) = 0$$

（3-162）

在这里，Whittaker 函数的参数是复杂的，因此不可能找到一个耦合常数 c 来局域化任何大质量模[119]。

另外，我们可以引入 Elko 场与里奇标量 R 之间的耦合，即 $F = R$[119]。对于度规（1-3）我们有

$$R = -4(2A'' + 3A'^2)e^{-2A} \tag{3-163}$$

通过与式（3-154）的比较，不难得到下式

$$\left(p^2 - \frac{13}{4} + 24\eta\right)A'^2 + \left(p - \frac{3}{2} + 16\eta\right)A'' = 0 \tag{3-164}$$

给出了解 $p=2$ 和 $\eta=-1/32$。因此，对于 RS-2 模型，局域零模为

$$a_0=\sqrt{\frac{2}{3\kappa}}(\kappa|z|+1)^{-2} \tag{3-165}$$

与解式（3-160）比较，可以发现 $M^2/\kappa^2=5/4$ 和 $c=-\kappa$，通过关系，几何耦合等价于质量项

$$\eta R\lambda\bar{\lambda}=\frac{1}{2}\left(\frac{5}{4}\kappa^2-\kappa\delta(z)\right)\lambda\bar{\lambda} \tag{3-166}$$

因此，根据解式（3-161）中 Whittaker 函数的渐近行为，我们找不到任何局域化的大质量 KK 模。当然，这种几何耦合不仅可以在薄膜模型中引入，也可以在厚膜模型中引入。如第 2 节所述，文献［32，64］考虑了解式（1-34），从而得到以下局域零模

$$a_0=\sqrt{\frac{\kappa}{2}\frac{\Gamma(2/n)}{\Gamma(3/2n)\Gamma(1+1/2n)}}[(\kappa z)^{2n}+1]^{-1/n} \tag{3-167}$$

由于翘曲因子的渐近行为与 RSⅡ情况相同，因此不可能找到局域的大质量 KK 模[119]。

当然，对于背景标量场生成的厚膜，我们可以考虑 Elko 场与背景标量场之间的耦合，即 $F=F(\phi)$。对于平直厚膜解式（1-41），局域零模为[117]

$$\alpha_0(z)=Ce^{pA(z)}=C\cosh(ay(z))^{-p\gamma} \tag{3-168}$$

其中 p 是一个正参数。特别的，当我们考虑 $p=\frac{3}{2}$ 和 $\gamma=1$ 时，我们有 $F(\phi)=\phi^2$ 和 $\eta=-\frac{a^2\gamma^2}{2\phi_0^2}$，归一化零模为

$$\alpha_0(z)=\frac{a}{2}[1+(az)^2]^{-\frac{3}{4}} \tag{3-169}$$

对于大质量的 KK 模，式（3-151）有如下形式

$$-\alpha_n''+\left(\frac{a^2(-6+19(az)^2)}{4(1+(az)^2)}+\frac{2\eta(az)^2}{(1+(az)^2)^2}\right)\alpha_n=\left(m_n^2+im_n\frac{a^2z}{1+(az)^2}\right)\alpha_n \tag{3-170}$$

附加项 $2\eta(az)^n/(1+(az)^2)^{\frac{n}{2}+1}$，来自耦合项，当 $z\to\infty$，具有与 $2\eta/(az)^2$ 相同的渐近行为。因此，解与式（3-141）相似，所有大质量 KK 模都不能局域

化。事实上，对于所有耦合 $\eta\vec{\lambda}\varphi^{n}\lambda$ 且 n 为整数时，当 $z\to\infty$ 时 $\eta\phi^{n}$ 是一个常数。因此，式（3-151）中的耦合项 $2\eta e^{2A}F(\phi)=2\eta e^{2A}\phi^{n}$ 将消失，式（3-151）的渐近行为将与式（3-123）相同，导致结果与自由 Elko 情况相同。这一结论适用于嵌入在具有弯曲标量场 ϕ 的渐近 AdS 时空中的任何厚膜[117]。

3.2.1.2 非最小耦合

最后，我们将回顾具有非最小耦合的 Elko 场的局域化，其灵感来自作用量（1-54）[122,123]中狄拉克费米场与标量场之间的非极小耦合。因此，我们在作用量（3-96）中选择 $f=f(\phi)$ 和 $F=0$。由作用量（3-96）可以得到如下的运动方程

$$\frac{1}{\sqrt{-g}f(\phi)}\mathfrak{D}_M(\sqrt{-g}f(\phi)g^{MN}\mathfrak{D}_M\lambda)=0 \tag{3-171}$$

考虑度规（1-3）和自旋联络（3-99）的非消失分量，上式可改写为

$$\frac{1}{\sqrt{-\hat{g}}}\hat{\mathfrak{D}}_\mu(\sqrt{-\hat{g}}\hat{g}^{\mu\nu}\hat{\mathfrak{D}}_\nu\lambda)-A'\gamma^5\gamma^\mu\hat{\mathfrak{D}}_\mu\lambda-A'^2\lambda+e^{-3A}f^{-1}(\phi)\partial_z(e^{3A}f(\phi)\partial_z\lambda)=0 \tag{3-172}$$

接下来，我们引入以下 KK 分解

$$\begin{aligned}\lambda_\pm&=e^{-3A/2}f(\phi)^{-\frac{1}{2}}\sum_n(\alpha_n(z)\varsigma_\pm^{(n)}(x)+\alpha_n(z)\tau_\pm^{(n)}(x))\\&=e^{-3A/2}f(\phi)^{-\frac{1}{2}}\sum_n\alpha_n(z)\hat{\lambda}_\pm^n(x)\end{aligned} \tag{3-173}$$

考虑四维 Elko 场的场方程，我们可以推导出 KK 模 α_n 的方程

$$\begin{aligned}\alpha_n''-\Big(&-\frac{1}{4}f^{-2}(\phi)f'^2(\phi)+\frac{3}{2}A'f^{-1}(\phi)f'(\varphi)+\frac{1}{2}f^{-1}(\phi)f''(\phi)\\&+\frac{3}{2}A''+\frac{13}{4}(A')^2-m_n^2+im_nA'\Big)\alpha_n=0\end{aligned} \tag{3-174}$$

与类汤川耦合情况一样，通过引入正交性条件式（3-117），可以从作用量（3-96）中得到四维无质量和大质量 Elko 场的作用。对于零模，式（3-174）为

$$[-\partial_z^2+V_0^N(z)]\alpha_0(z)=0 \tag{3-175}$$

其中有效势 V_0^N 被给出由

$$V_0^N(z) = -\frac{1}{4} f^{-2}(\phi) f'^2(\phi) + \frac{3}{2} A f^{-1}(\phi) f'(\phi) + \frac{1}{2} f^{-1}(\phi) f''(\phi) + \frac{3}{2} A'' + \frac{13}{4} (A')^2 \tag{3-176}$$

当然，有界零模 $\alpha_0(z)$ 应满足归一化条件（3-126）。我们用下列方程定义了三个新的函数 $B(z)$，$C(z)$ 和 $D(z)$：

$$B(z) = \frac{f'(\phi)}{f(\phi)} = -3A' + \frac{A'^2}{C} - C - \frac{C'}{C} \tag{3-177}$$

$$\partial_z D(z) = \frac{3}{2} A' + \frac{1}{2} B + C \tag{3-178}$$

则有效势式（3-175）为

$$V_0^N(z) = \frac{1}{4} B^2 + \frac{3}{2} A' B + \frac{1}{2} B' + \frac{3}{2} A'' + \frac{13}{4} A'^2 = D'' + D'^2 \tag{3-179}$$

式（3-175）可化简为

$$[-\partial_z^2 + V_0^N]\alpha_0 = [-\alpha_z^2 + D'' + D'^2]\alpha_0 = [\partial_z + D'][-\partial_z + D']\alpha_0 = 0 \tag{3-180}$$

为方便起见，可以引入一个新的函数 $K(z)$ 为

$$K(z) \equiv \frac{C'}{C} - C \tag{3-181}$$

这里，$K(z)$ 的形式是任意的。任意给定的 $K(z)$ 和卷曲因子 $A(z)$ 可以确定函数 $C(z)$ 和 $B(z)$，从而确定零模 α_0

$$\begin{aligned} \alpha_0(z) &\propto e^{D(z)} \\ &= \exp\left[\frac{1}{2}\int_0^z \frac{A'^2}{C} \mathrm{d}\bar{z}\right] \exp\left[-\frac{1}{2}\int_0^z K \mathrm{d}\bar{z}\right] \end{aligned} \tag{3-182}$$

函数 $f(\phi)$

$$\begin{aligned} f(\phi(z)) &= e^{\int_0^z B(z)\mathrm{d}\bar{z}} \\ &= e^{-3A} C^{-2} \exp\left[\int_0^z \frac{A'^2}{C} \mathrm{d}\bar{z}\right] \exp\left[\int_0^z K \mathrm{d}\bar{z}\right] \end{aligned} \tag{3-183}$$

注意，归一化条件（3-126）总是要求 $K(z)$ 是一个奇函数，并且当 $z>0$ 时为正。因为函数 $C(z)$ 可以根据式（3-181）用 $K(z)$ 表示：

$$C(z)=\frac{e^{\int_1^z K(\bar{z})\mathrm{d}\bar{z}}}{C_1-\int_1^z e^{\int_1^z K(\bar{z})\mathrm{d}\bar{z}}\mathrm{d}\hat{z}} \tag{3-184}$$

当 C_1 为任意常数时，式（3-182）和式（3-183）给出了非极小耦合情况下零模 α_0 和函数 $f(\phi)$ 一般表达式。

对比前面所示的厚膜世界的解过程，我们会发现 $K(z)$ 的作用类似于辅助超势 $W(\phi)$。因此，$K(z)$ 的不同形式会导致零模 α_0 和函数 $f(\phi)$ 的不同构型。它为我们在膜上定位 Elko 零模提供了更多的选择和可能性[122]。需要注意的是，$f(\phi)$ 表达式中的因子 e^{-3A} 会导致 $f(\phi)$ 的边界行为与卷曲因子 e^{2A} 相反，并且这种行为与汤川类耦合情况下的耦合函数 F 相似。实际上，我们可以发现函数 F 和 $f(\phi)$ 虽然在作用量（3-96）中出现在不同的位置，但它们具有相似的性质和作用[123]。

为了比较类汤川耦合，我们选择了文献［122］中的卷曲因子 $e^{2A(y)}=\cosh(ay)^{-2b}$ 来研究平直厚膜上零模的局域化。为简单起见，我们考虑 $b=1$ 的简单情况，其中 $z=\int_o^y\cosh(a\bar{y})\mathrm{d}\bar{y}=\frac{1}{a}\sinh(ay)$ 和

$$A(z)=-\frac{1}{2}\ln(1+a^2z^2) \tag{3-185}$$

下面，将给出三种 $K(z)$ 的有界零模和函数 $f(\phi)$。

首先，我们考虑 $K(z)=\kappa\frac{C'}{C}$，且 $\kappa\geqslant 0$，得到 $C(z)=-\frac{1-\kappa}{z+\text{常数}}$。零模

$$\alpha_0(z)\propto\frac{|z|^{\frac{\kappa}{2}}e^{-\frac{1}{4(1-\kappa)(1+a^2z^2)}}}{(1+a^2z^2)^{\frac{1}{4(1-\kappa)}}} \tag{3-186}$$

其中 κ 满足 $\kappa<1$ 我们设 $C(z)$ 中的常数为 0。归一化条件（3-126）要求 $0<\kappa<1$。注意，在（3-186）中 $z=0$ 处存在一个分裂，它将零模分成两半。虽然这种零模并不常见，但它显然是有界的。在这种情况下，非最小耦合函数 $f(\phi)$ 为

$$f(\phi(z))=\frac{|z|^{2-\kappa}}{(1-\kappa)^{2-\kappa}}\exp\left[-3A-\frac{1}{(1-\kappa)}\int_0^z A'^2\bar{z}\mathrm{d}\bar{z}\right] \tag{3-187}$$

特别地，对于经典标量生成的膜解（1-32），函数 $f(\phi)$ 为

$$f(\phi)=\frac{|\Phi|^{2-\kappa}}{(a(1-\kappa))^{2-\kappa}}e^{\frac{\Phi^2}{2(1-\kappa)(1+\Phi^2)}}(1+\Phi^2)^{\frac{2-3\kappa}{2(1-\kappa)}} \tag{3-188}$$

其中 $\Phi=\sinh\left(\frac{2}{3}\operatorname{arctan}\mathrm{h}\tan\left(\frac{\phi}{\phi_0}\right)\right)$。对于非最小耦合理论中的厚膜解（1-41），函数 $f(\phi)$ 为

$$f(\phi)=\frac{|\tilde{\phi}|^{2-\kappa}}{(a(1-\kappa))^{2-\kappa}}e^{\frac{\tilde{\varphi}^2}{2(1-\kappa)}}(1-\tilde{\varphi}^2)^{-\frac{4+\kappa(\kappa-6)}{2(1-\kappa)}} \tag{3-189}$$

式中 $\phi=\frac{\phi}{\phi_0}$。很明显，对于不同的膜世界解，即使零模具有相同的形式，非最小耦合函数 $f(\phi)$ 可能是不同的。

接下来，我们考虑 $K(z)=\kappa z$ 和 $\kappa>0$ 的情况。在这种情况下，$C(z)$ 为

$$C(z)=-\frac{e^{\frac{\kappa z^2}{2}}\sqrt{\frac{2\kappa}{\pi}}}{\operatorname{erf}\left(\sqrt{\frac{\kappa}{2}}z\right)} \tag{3-190}$$

其中 $\operatorname{erf}(z)$ 是虚误差函数。因此，零模具有以下形式

$$\alpha_0(z)\propto\exp\left[-\frac{1}{2}\sqrt{\frac{\pi}{2\kappa}}\frac{\kappa}{4}z^2\int_0^z\operatorname{erf}\left(\sqrt{\frac{\kappa}{2}}\bar{z}\right)\frac{a^4\bar{z}^2e^{-\kappa z^2/2}}{(1+a^2\bar{z}^2)^2}\mathrm{d}\bar{z}\right] \tag{3-191}$$

就像 $|z|\to\infty$ 我们有 $\alpha_0(z)\propto\exp\left[-\frac{\kappa}{4}z^2\right]$。因此，对于任何正 κ 都满足归一化条件（3-126），因此零模可以局域在厚膜上。函数 $f(\phi)$ 可以求解膜解（1-32）和（1-41），但我们不在这里列出它们。注意，在这种情况下，$|z|$ 消失了，κ 的范围比前一种情况更大。这表明 $K(z)$ 的不同选择会带来零模和 $f(\phi)$ 的不同性质。

最后一种情况是且 $K(z)=\kappa\tanh(\kappa z)$ 和 $\kappa>0$，我们有

$$C(z)=-\kappa\coth(\kappa z)$$

$$\alpha_0(z)\propto\operatorname{sec}\mathrm{h}^{\frac{1}{2}}(\kappa z)\exp\left[-\int_0^z\frac{a^4\bar{z}^2\tanh(\kappa\bar{z})}{2\kappa(1+a^2\bar{z}^2)^2}\mathrm{d}\bar{z}\right] \tag{3-192}$$

这个零模接近 $\alpha_0(z)\propto\exp\left[-\frac{1}{2}\kappa|z|\right]$ 及 $z\to\pm\infty$。因此，对于任意正 κ，它在膜上是局域化的。

3.2.2　在 dS/AdS 厚膜上的局域化

3.2.2.1　汤川耦合

在本节中，我们只考虑 dS/AdS 厚膜和零模的局域化。对于 dS/AdS 厚膜解（2-60），有效势 V_0^Y、Elko 零模 α_0 和函数 $F(\phi)$ 为[123]

$$V_0^Y=pA''+p^2A'^2=-ph^2\operatorname{sech}^2(hz)+p^2h^2\tanh^2(hz) \tag{3-193}$$

$$\alpha_0\propto e^{pA(z)}=(a^2s(1+\Lambda_4))^{-\frac{p}{2}}\operatorname{sech}^p(hz) \tag{3-194}$$

$$F(\phi)=-\frac{h^2a^2s}{16\eta}(1+\Lambda_4)[25-4p(2+p)+(4p^2-13)\cosh(2b\phi)] \tag{3-195}$$

它们的形状如图 3-2 所示。归一化条件（3-126）要求 $p>0$。因此，对于任意 $p>0$，零模可以局域化在 dS/AdS 厚膜上。实际上，从有效势 V_0^Y 的图中可以看出，它是一个 PT 电位，可以捕获零模[123]。

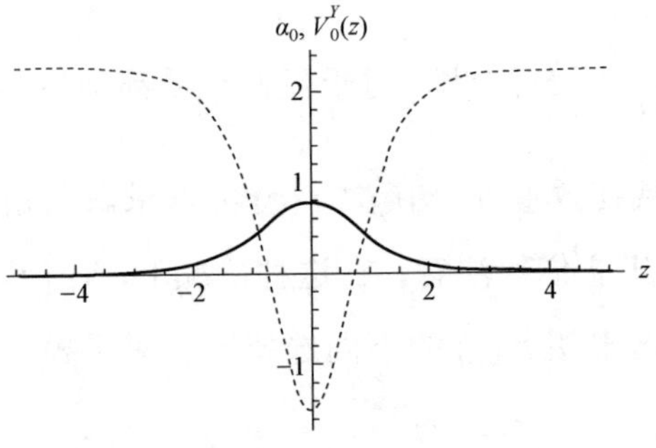

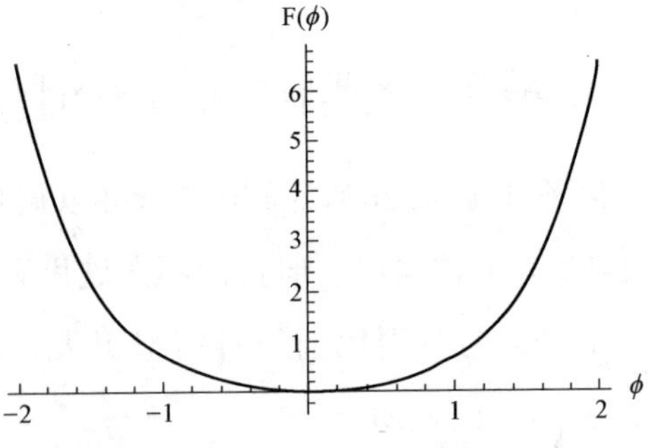

图 3-2　dS/AdS 厚膜解（式 2-60）的 Elko 零模 $\alpha_0(z)$（式 3-194）（粗线）、有效势 $V_0^Y(z)$（式 3-193）（虚线）和函数 $F(\phi)$（式 3-195）的形状。设参数为 $h=b=\eta=a^2s(1+\Lambda_4)=1$ 和 $p=\frac{3}{2}$

另一方面，对于 AdS 厚膜解（2-61），有效势 V_0^Y、Elko 零模 α_0 和函数 $F(\phi)$

为[123]

$$V_0^{Y}=pA''+p^2A'^2=\frac{p\beta^2}{\delta}\sec^2\left(\frac{\beta}{\delta}z\right)+p^2\beta^2\tan^2\left(\frac{\beta}{\delta}z\right) \tag{3-196}$$

$$\alpha_0\propto e^{pA(z)}=\cos^{-p\delta}\left(\frac{\beta}{\delta}z\right) \tag{3-197}$$

$$F(\phi)=\frac{\beta^2}{8\delta\eta}\left[6-4p+(6+13\delta-4p(1+p\delta))\sinh^2\left(\frac{\phi}{\varphi_0}\right)\right]\cosh^{-2\delta}\left(\frac{\phi}{\phi_0}\right) \tag{3-198}$$

有关它们的剖面图，如图 3-3 所示。归一化条件（3-126）要求 $p\delta<0$。因此，对于任何负 p，该 AdS 厚膜上的零模都可以局域化。与之前的模型不同，这里的 $F(\phi)$ 具有火山的形状，这是因为卷曲因子在边界处发散，卷曲因子与 $F(\phi)$ 的边界行为相反[123]。

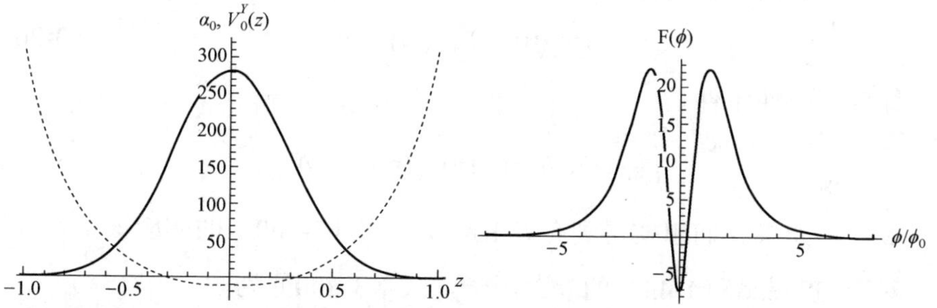

图 3-3　AdS 厚膜解（式 2-61）的 Elko 零模 $\alpha_0(z)$（式 3-197）（粗线）、有效势 $V_0^{Y}(z)$（式 3-196）（虚线）和函数 $F(\phi)$（式 3-198）的形状。对于能见度，$\alpha_0(z)$ 设为 $\alpha_0(z)=200e^{pA(z)}$。参数设为 $\eta=-1$，$\delta=\beta=\frac{3}{2}$ 和 $p=-8$

如前面所述，文献［121］考虑了六维时空中 Elko 场在类弦缺陷上的局域化，其中引入了类汤川耦合。通过考虑度规（1-42），自旋联络的非消失项为 $\Omega_\mu(r)=\frac{1}{4}\frac{A'}{\sqrt{A}}\delta_\mu^{\bar\mu}\Gamma_{\bar\mu}\Gamma_{\bar r}$ 和 $\Omega_\theta(r)=\frac{1}{4}\frac{B'}{\sqrt{B}}\delta_\theta^{\bar\theta}\Gamma_{\bar\theta}\Gamma_{\bar r}$。其中 $\Gamma_{\bar M}$ 为平直空间中的六维伽马矩阵，素数表示对额外维度坐标 r 的导数。将六维 Elko 场记为 Υ，并引入以下 KK 分解

$$Y(x,r,\theta)=\begin{pmatrix}\lambda\\0\end{pmatrix},\quad \lambda(x,r,\theta)=\sum_{n,l}\lambda_n(x)\varepsilon_n(r)\lambda_l(\theta) \tag{3-199}$$

其中，$\varepsilon_n(r)$ 为径向分量，$\lambda_l(\theta)=e^{il\theta}$ 为角分量，l 为轨道数。$\lambda_{\rm n}(x)=\varsigma_{\pm}^n(x)+\tau_{\pm}^n(x)$ 表示满足式（3-104）和式（3-105）的四维 Elko 场，其中 γ^r 代替 γ^5，外加，$\gamma^\theta\tau_{\pm}(x)=\pm i\tau_{\pm}(x)$。然后我们可以得到关于径向分量 $\varepsilon_n(r)$ 的方程。$\gamma^\theta\varsigma_{\pm}(x)=\mp i\varsigma_{\pm}(x)$ 对于 s 波解 $(l=0)$，式为

$$[\partial_r^2+P(r)\partial_r+Q(r)]\varepsilon_n(r)=0 \tag{3-200}$$

其中

$$P(r)=2\frac{\partial_r A}{A}+\frac{1}{2}\frac{\partial_r B}{B} \tag{3-201}$$

$$Q(r)=\frac{m_n^2}{A}-\frac{im_n\partial_r A}{2A^{3/2}}-\left[\left(\frac{\partial_r A}{2A}\right)^2+\left(\frac{\partial_r B}{4B}\right)^2\right]-2\eta F \tag{3-202}$$

边界条件由于轴对称为

$$\partial_r\varepsilon_n(0)=\partial_r\varepsilon_n(\infty)=0 \tag{3-203}$$

标准正交性条件是

$$\int_0^\infty A(r)\sqrt{B(r)}\varepsilon_n^*(r)\varepsilon_m(r)\,\mathrm{d}r=\delta_{nm} \tag{3-204}$$

显然，如果我们想要得到有界 KK 模，式（3-200）的解应该是有限解。对于 GS 弦式（1-43）的卷曲因子，式（3-200）为

$$\partial_r^2\varepsilon_n(r)-\frac{5c}{2}\partial_r\varepsilon_n(r)+\left(m_n^2e^{cr}-\frac{im_nc}{2}e^{\frac{cr}{2}}-\frac{5c^2}{16}-2\eta F\right)\varepsilon_n(r)=0 \tag{3-205}$$

考虑耦合项 ηF 为常数，在边界条件式（3-203）和正交性条件式（3-204）下，零模将是一个 $\eta F=-\frac{5}{32}c^2$ 的常数解 $\varepsilon_0(r)=\sqrt{\frac{3}{2R_0}c}$，这与六维时空中引力和标量场的零模相同。大质量的 KK 模仍然是复杂的，因为在上面的方程中有项 $-\frac{im_nc}{2}e^{\frac{cr}{2}}$，它们会振荡，并在 r 处呈指数增长 $r\to\infty$。因此，在 GS 类弦模型中不存在有界大质量 KK 模。为了防止这种结果，作者通过增加一项 F_2 来修改协变导数

$$\gamma^M\mathfrak{D}_M Y(x,r,\theta)=[\gamma^M\partial_M+\gamma^M\Omega_M(r)+\eta_2F_2]\mathrm{Y}(x,r,\theta) \tag{3-206}$$

其中

$$F_2(r)=\frac{1}{2\pi i}\xi(r)\mathrm{d}\xi(r)=\gamma^M\partial_M\Phi(r) \tag{3-207}$$

这里，$\xi(r)$ 和 $\Phi(r)$ 都是标量场。作者认为这一附加项是规范电势的移位，并认为式（3-206）和式（3-207）包含一个规范选择，其四维部分是解决场方程虚部问题所必需的。对于 $\xi_{GS}(r)=\exp[-2\pi m_n e^{\frac{cr}{2}}]$ 和 $\eta_2=1$ 的解，式（3-200）化简为

$$\partial_r^2\varepsilon_n(r)-\frac{5c}{2}\partial_r\varepsilon_n(r)+m_n^2e^{cr}\varepsilon_n(r)=0 \tag{3-208}$$

注意这里 $\eta F=-\frac{5}{32}c^2$。不幸的是，即使没有虚部，上述方程的解仍然随 r 呈指数增长。然而，它展示了一种寻找有界非平凡零模的方法。通过变换 $\mathrm{d}z=A^{\frac{1}{2}}\mathrm{d}r$，可以得到共形度规 $\mathrm{d}s_6^2=A(z)(\eta_{\mu\nu}\mathrm{d}x^\mu\mathrm{d}x^\nu+\mathrm{d}z^2+\beta(z)\mathrm{d}\theta^2)$ 和 $\beta(z)=\frac{B(z)}{A(z)}$ 考虑附加项 $\xi_{GS}(r)=\exp[-2\pi m_n e^{\frac{cr}{2}}]$ 和 $\eta_2=1$，可以将式（3-200）简化为类薛定谔式

$$[-\partial_z^2+U(z)]\tilde{\varepsilon}_n(z)=m_n^2\tilde{\varepsilon}_n(z) \tag{3-209}$$

其中 $\tilde{\varepsilon}_n(z)=A(z)\beta^{\frac{1}{4}}(z)\varepsilon_n(z)$ 和有效势

$$U(z)=\frac{A''}{A}+\left(\frac{A'}{4A}\right)^2-\frac{1}{8}\left(\frac{\beta'}{\beta}\right)^2+\frac{5}{8}\frac{A'}{A}\frac{\beta'}{\beta}+\frac{1}{4}\frac{\beta''}{\beta}+2\eta FA \tag{3-210}$$

因此，为了得到有界零模，耦合项应该是如下形式

$$\eta F=-\frac{1}{32A}\left[5\left(\frac{A'}{A}\right)^2+\frac{\beta'}{\beta}\frac{A'}{A}+\left(\frac{\beta'}{\beta}\right)^2\right] \tag{3-211}$$

例如，当 β=常数时，有效势 $U(z)$ 和 $\tilde{\varepsilon}_0$ 为

$$U(z)=6\left(z+\frac{2}{c}\right)^{-2}，\quad \tilde{\varepsilon}_n(z)=\sqrt{\frac{24}{c^3}}\left(z+\frac{2}{c}\right)^{-2} \tag{3-212}$$

此外，Dantas 等人也考虑了 Hamilton 弦-雪茄模型（1-44），提出了广义耦合[121]

$$\eta F = -\frac{1}{2}\left[\left(\frac{\partial_r A}{2A}\right)^2 + \left(\frac{\partial_r B}{2B}\right)^2\right] \quad (3\text{-}213)$$

这将导致满足边界条件（3-203）和正交性条件（3-204）的广义常数零模。然后，考虑 $F_2 = \frac{1}{2\pi i}\frac{\mathrm{d}\xi}{\xi}$ 与 $\xi(r) = \exp\left[\pi m_n \int_r \partial_r A A^{-\frac{3}{2}} \mathrm{d}r\right]$，式（3-200）为

$$\partial_r^2 \varepsilon_n(r) - \frac{5c}{2}(\tanh^2(cr) - \frac{4}{5}\mathrm{sech}(2cr))\partial_r \varepsilon_n(r) + m_n^2 e^{cr-\tanh(cr)}\varepsilon_n(r) = 0 \quad (3\text{-}214)$$

解也是振荡和发散的。

3.2.2.2 非最小耦合

在本节中，我们考虑了非最小耦合 dS/AdS 厚膜上 Elko 零模的局域化[123]。对于 dS/AdS 厚膜解（2-60），介绍了两种 $K(z)$。第一个选项是 $K(z) = -A'$，我们有

$$\alpha_0(z) \propto \mathrm{sech}^{\frac{1}{2}}(\kappa z)\exp\left[-\frac{1}{4}\mathrm{sech}^2(hz)\right] \quad (3\text{-}215)$$

$$f(\phi(z)) = \frac{a^4 s^2}{h^2}(1+\Lambda_4)^2\cosh^3(b\phi)\tanh^2(b\phi)\exp\left[-\frac{1}{2}\mathrm{sech}^2(b\phi)\right] \quad (3\text{-}216)$$

满足归一化条件（3-126），因此零模局域在膜上。为了与类汤川耦合进行比较，我们给出了有效势 $V_0^N(z)$

$$V_0^N(z) = \frac{h^2}{32}(-2 - 5\cosh(2hz) - 10\cosh(4hz) + \cosh(6hz)\mathrm{sech}^6(hz)) \quad (3\text{-}217)$$

上述解的形状如图 3-4 所示，从中可以看出零膜（3-215）局域在膜上，有效势为类 PT 势。对比类汤川耦合情况，我们可以发现 $f(\phi)$ 和 $F(\phi)$ 的形状是相似的，它们都在 $\phi = 0$ 处有极小值，并在无穷远处发散。当然，$f(\phi)$ 的边界行为与卷曲因子是相反的，因为在式（3-183）中 $f(\phi)$ 的表达式中存在一个因子 e^{-3A}。

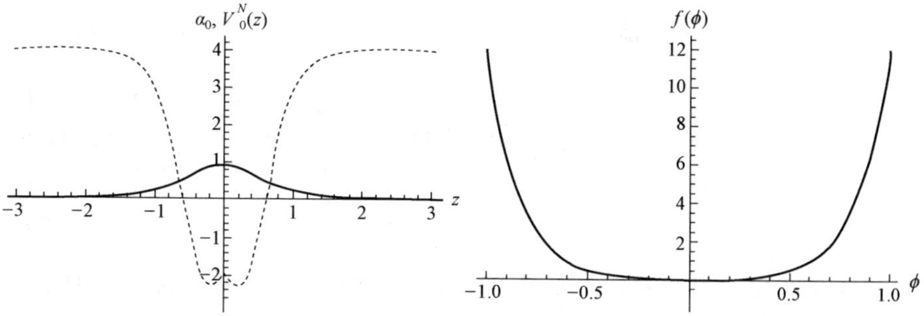

图 3-4　dS/AdS 厚膜解（式 2-60）的 Elko 零模 α_0（式 3-215）形状（粗线）、有效势 $V_0^N(z)$（式 3-217）形状（虚线）和函数 $f(\phi)$（式 3-216）形状（右）。这里零模和有效势画在左边，函数 $f(\phi)$ 画在右边。参数设置为 $h=b=2$ 和 $a^2s(1+\Lambda_4)=1$

$K(z)$ 的另一种选择是 $K(z)=\kappa\phi=\kappa\frac{h}{b}$，其中 κ 为正，零模为

$$\alpha_0(z)\propto\exp\left[-\frac{1}{2}h^2\sqrt{\frac{\pi}{2\kappa}}\mathcal{L}(z)-\frac{\bar{\kappa}}{4}z^2\right] \qquad (3\text{-}218)$$

其中 $\bar{\kappa}\equiv\kappa\dfrac{h}{b}$ 和

$$\mathcal{L}(z)\equiv\int_0^z \mathrm{Erfi}\left(\sqrt{\frac{\bar{\kappa}}{2}}\bar{z}\right)\tanh^2(h\bar{z})\exp\left[\frac{-\bar{\kappa}\bar{z}^2}{2}\right]\mathrm{d}\bar{z} \qquad (3\text{-}219)$$

这里，函数 $\mathcal{L}(z)$ 趋近于常数 $|z|\to\infty$，因此我们有 $\alpha_0(|z|\to\infty)\propto\exp(-\bar{\kappa}z^2/4)$，满足归一化条件（3-126）。由于有效势 $V_0^N(z)$ 和对应的函数 $f(\phi)$ 的形式稍复杂，我们仅在图 3-5 中表示它们的形状。我们可以发现，有效势是无限深势而不是 PT 势，$f(\phi)$ 的形状仍然与上一节中的 $F(\phi)$ 相似。因此，这个势的谱是离散的。

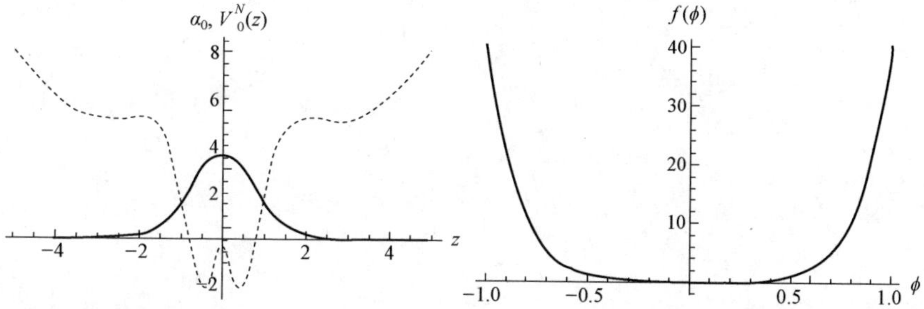

图 3-5　dS/AdS 厚膜解（式 2-60）的 Elko 零模 α_0（式 3-218）形状（粗线）、对应的有效势 $V_0^N(z)$ 形状（虚线）和对应的函数 $f(\phi)$ 形状（右）。参数设置为 $\bar{\kappa}=a^2s(1+\Lambda_4)=1$ 和 $h=b=2$

最后，对于 AdS 厚膜解（2-61），我们选择 $K(z)=\frac{1}{\delta}A'$。零模为

$$\alpha_0(z)\propto\cos^{\frac{1}{2}}(\bar{\kappa}z)\exp\left[\frac{1}{2}\bar{\kappa}\delta^2\int_0^z\sin(\bar{\kappa}\bar{z})\tan(\bar{\kappa}\bar{z})\ln(\frac{\cos\left(\frac{\bar{\kappa}}{2}\bar{z}\right)-\sin\left(\frac{\bar{\kappa}}{2}\bar{z}\right)}{\cos\left(\frac{\bar{\kappa}}{2}\bar{z}\right)+\sin\left(\frac{\bar{\kappa}}{2}\bar{z}\right)})\mathrm{d}\bar{z}\right] \tag{3-220}$$

其中 $\bar{\kappa}\equiv\frac{\beta}{\delta}$。很容易检查是否满足归一化条件。我们在图 3-6 中绘制了有界零模、函数 $f(\phi)$ 和有效势。这表明，有效势也是无限深的。有趣的是，我们可以发现所有的函数 $F(\phi)$ 和 $f(\phi)$ 在这些厚膜模型中都有一个最小圆 $\phi=0$。

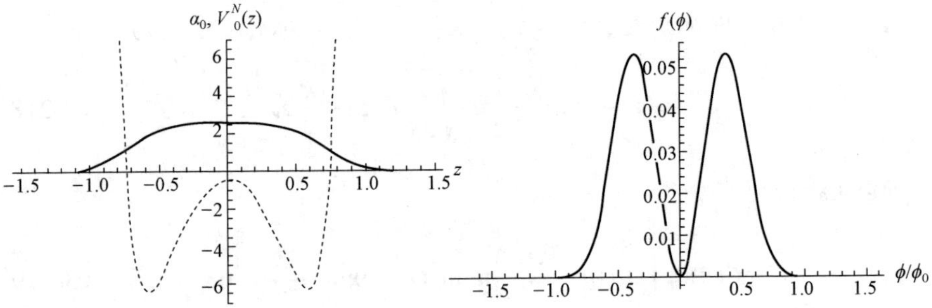

图 3-6　dS/AdS 厚膜解（式 2-60）的 Elko 零模 α_0（式 3-220）形状（粗线）、对应的有效势 $V_0^N(z)$ 形状（虚线）和对应的函数 $f(\phi)$ 形状。参数设置为 $\beta=\delta=4$

第 4 章　引力微子在厚膜上的局域化性质

4.1　引入汤川耦合

五维自由无质量引力微子场的大质量 KK 模不能局域在 RS 型厚膜中。因此，有必要引入狄拉克场的耦合项。在薄膜情况下[46]，通常会引入一个额外的质量项，它与薄膜的卷曲因子有关。在由一个或多个背景标量场产生厚膜的情况下，我们可以在背景标量场和引力微子场之间引入耦合项。我们考虑最简单的耦合，即汤川耦合，其中五维引力微子场的作用量为

$$S_{\frac{3}{2}} = \int \mathrm{d}^5 x\sqrt{-g}(\bar{\Psi}_M \Gamma^{[M}\Gamma^N\Gamma^{R]}D_N\Psi_R - \eta F(\phi)\bar{\Psi}_M[\Gamma^M,\Gamma^N]\Psi_N) \tag{4-1}$$

其中，$F(\phi)$ 是背景标量场 ϕ 的函数，η 是耦合常数。由上述作用量导出的运动方程为

$$\Gamma^{[M}\Gamma^N\Gamma^{R]}D_N\Psi_R - \eta F(\phi)[\Gamma^M,\Gamma^N]\Psi_N = 0 \tag{4-2}$$

利用规范条件 $\Psi_z = 0$，引入手性分解

$$\Psi_\mu(x,z) = \sum_n \mathrm{e}^{-A(z)}(\psi_{L\mu}^{(n)}(x)\chi_n^L(z) + \psi_{R\mu}^{(n)}(x)\chi_n^R(z)) \tag{4-3}$$

我们可以得到以下一阶耦合方程

$$(\partial_z - \eta \mathrm{e}^A F(\phi))\chi_n^L(z) = -m_n\chi_n^R(z) \tag{4-4a}$$

$$(\partial_z + \eta e^A F(\phi))\chi_n^R(z) = m_n \chi_n^L(z) \tag{4-4b}$$

由式（4-4）可知，引力微子场的左、右手 KK 模满足如下类薛定谔方程

$$(-\partial_z^2 + V^L(z))\chi_n^L(z) = m_n^2 \chi_n^L(z) \tag{4-5a}$$

$$(-\partial_z^2 + V^R(z))\chi_n^R(z) = m_n^2 \chi_n^R(z) \tag{4-5b}$$

其中有效势是被给出是由

$$V^L(z) = (\eta e^A F(\phi))^2 + \eta\partial_z(e^A F(\phi)) \tag{4-6a}$$

$$V^R(z) = (\eta e^A F(\phi))^2 - \eta\partial_z(e^A F(\phi)) \tag{4-6b}$$

对于一个五维自由引力微子，我们得到了四维左手和右手引力微子的有效势（33）。有趣的是，左旋和右旋 KK 引力微子式（4-5a）和式（4-5b）的这些方程的形式与狄拉克场的 KK 模的形式相同；同时，它们只是手性不同。对于给定的厚膜背景解，如果函数 $F(\phi)$ 和耦合参数 η 相同，则 KK 引力微子的质谱将与狄拉克场的质谱相同。在这里，我们应该注意到手性的不同，这将产生一个有趣的结果。

接下来，我们回顾了几种 $f(R)$ -厚膜[29,90]，然后研究了五维引力微子在这些膜上的局域化，并给出了它们的 KK 质谱。

在五维时空中，一般 $f(R)$ 厚膜模型的作用量为

$$S = \int d^5x\sqrt{-g}\left(\frac{1}{2\kappa_5^2} f(R) + L(\phi_i, X_i)\right) \tag{4-7}$$

其中 $\kappa_5^2 \equiv 8\pi G^5$ 是五维引力常数，为方便起见设为 1，$f(R)$ 是标量曲率 R 的函数，$L(\phi_i, X_i)$ 是背景标量场 ϕ_i 的拉格朗日密度，其动力学项 $X_i = -\frac{1}{2}g^{MN}\partial_M\phi_i\partial_N\phi_i$。可以预见，在这些 $f(R)$ -厚膜上，引力微子场的 KK 模的光谱除了手性不同外，将与狄拉克场的光谱几乎相同。这些结果可以为我们今后关于额外维度和引力微子的实验提供一些重要的参考。

4.1.1 无背景标量场的纯几何 *f*(*R*)-厚膜上引力微子场的局域化

首先，我们重点研究了引力微子场在纯几何 $f(R)$ 厚膜上的局域化。Zhong 等研究了纯几何 $f(R)$ -厚膜，其中背景标量场 $L(\phi_i, X_i)$ 的拉格朗日密度消失[90]。对于平直的纯几何 $f(R)$ -厚膜，背景度规先前提供（1）为 $\hat{g}_{\mu\nu} = \eta_{\mu\nu}$。翘曲因子 $A(y)$ 的解为[90]

$$A(y) = -n\ln(\cosh(ky)) \tag{4-8}$$

其中 k 是与五维时空曲率相关的正实参数，n 是正整数。函数 $f(R)$ 在 $n=1$ 和 $n=20$ 时的解分别为[90]

$$\begin{aligned} f(R) &= \frac{1}{7}(6k^2 + R)\cosh(a(w(R))) \\ &\quad - \frac{2}{7}k^2\sqrt{480 - \frac{36R}{k^2} - \frac{3R^2}{k^4}}\sinh(\alpha((w(R))), (n=1) \end{aligned} \tag{4-9}$$

$$\begin{aligned} f(R) &= -\frac{377\,600}{7\,803}k^2 + \frac{4\,196}{2\,601}R \\ &\quad - \frac{83}{41\,616k^2}R^2 + \frac{13}{39\,951\,360k^4}R^3, (n=20) \end{aligned} \tag{4-10}$$

其中 $\alpha(w) = 2\sqrt{3}\arctan\left(\tanh\left(\frac{w}{2}\right)\right)$ 和 $w(R) = \pm\text{arcsech}\left[\frac{\sqrt{20n^2+R/k^2}}{\sqrt{8n+20n^2}}\right]$。对于任意 n，函数 $f(R)$ 没有统一的表达式，很难从解式（4-8）计算出的 $z(y)$ 的关系式中得到解析的 $z(y)$：

$$z(y) = -\frac{\cosh^{n+1}(ky)\sinh(ky)\,{}_2F_1\left(1/2, \frac{n+1}{2}, \frac{n+3}{2}, \cosh^2(ky)\right)}{(n+1)k\sqrt{-\sinh^2(ky)}} \tag{4-11}$$

由于纯几何膜模型中不存在背景标量场，我们可以尝试取 ηF 作为引力微子场的五维质量 M。然后，有效势 V^L 和 V^R 可以用额外的维度 y 来表示。

$$V^L(z(y)) = \text{sech}^{2n}(ky)(M^2 - nkM\tanh(ky)) \tag{4-12}$$

$$V^R(z(y)) = \text{sech}^{2n}(ky)(M^2 + nkM\tanh(ky)) \tag{4-13}$$

很容易看出，这两个势是不对称的，它们的渐近行为是不对称的

$$V^L(0)=M^2, V^L(\pm\infty)=e^{2A(\pm\infty)}(M^2\mp Mkn)=0 \tag{4-14}$$

$$V^R(0)=M^2, V^R(\pm\infty)=e^{2A(\pm\infty)}(M^2\pm Mkn)=0 \tag{4-15}$$

这表明不存在束缚的大质量 KK 模。引力微子场左手零模和右手零模的解为 $\chi_0^{L,R}\propto e^{\pm My}$。很明显，两个零模都是不可归一化的；因此，它们不能局域在纯几何 $f(R)$-厚膜中。

4.1.2 具有 $L=X-V(\phi)$ 的 $f(R)$ 厚膜上引力微子场的局域化

现在让我们考虑由一个背景标量场产生的 $f(R)$-厚膜。对于拉格朗日密度 $L=X-V(\phi)=-\frac{1}{2}\partial^M\phi\partial_M\phi-V(\phi)$，该模型中具有正弦-戈登势的解为[29]

$$f(\hat{R})=\hat{R}+\alpha\left\{\frac{24b^2+2\hat{R}+2b\hat{R}}{2+5b}\left[P_{K_-}^{b/2}(\Xi)-\beta Q_{K_-}^{b/2}(\Xi)\right]\right.$$

$$\left.-4(b^2-2bK_+)\Xi\left[P_{K_+}^{b/2}(\Xi)-\Xi P_{K_-}^{b/2}(\Xi)+\beta\Xi\left(Q_{K_-}^{b/2}(\Xi)-Q_{K_+}^{b/2}(\Xi)\right)\right]\right\}\Theta^{b/2} \tag{4-16a}$$

$$V(\phi)=\frac{3bk^2}{8}\left[(1-4b)+(1+4b)\cos\left(\sqrt{\frac{8}{3b}}\phi\right)\right] \tag{4-16b}$$

$$\phi(y)=\sqrt{6b}\arctan\left[\tanh\left(\frac{ky}{2}\right)\right] \tag{4-16c}$$

$$A(y)=-b\ln[\cosh(ky)] \tag{4-16d}$$

式中，b 和 k 为与膜厚度相关的正参数；α 是一个任意常数；$\hat{R}\equiv R/k^2$，$K_\pm\equiv\frac{1}{2}\sqrt{(b-14)b+1}\pm 1/2$；$\Xi=\sqrt{1-\Theta^2}$；$\Theta\equiv\frac{\sqrt{20b^2+\hat{R}}}{2\sqrt{2b+5b^2}}$；$P$ 和 Q 是第一类和第二类 Legendre 函数，$\beta=P_{K_+}^{b/2}(0)/Q_{K_+}^{b/2}(0)$。注意式（4-16b）～式（4-16d）的解也适用于 $f(R)=R$ 的情况。因此，以下结果也适用于广义相对论厚膜的情况。如上一节所讨论的，很难得到解析 $y(z)$。因此，在下一节中，我们将用数值方法求解这些方程。物理坐标 y 中的有效势 V^L 和 V^R 变为

$$V^L(z(y))=(\eta e^A F(\phi))^2+\eta e^{2A}\partial_y F(\phi)+\eta(\partial_y A)e^{2A}F(\phi) \tag{4-17a}$$

$$V^R(z(y)) = V^L(z(y))|_{\eta\to-\eta} \tag{4-17b}$$

显然，对于不同形式的$F(\phi)$，势V^L和V^R有不同的表达式，这决定了 KK 模的质谱。本书考虑了一类汤川耦合，即$F(\phi)=\phi^\alpha$，具有正整数α。对于标量ϕ的扭结构型，因为V^L和V^R相对于额外的维度y应该是对称的，所以α应该是奇数。接下来我们考虑两种情况：最简单的情况$F(\phi)=\phi^\alpha$和$\alpha>1$的情况。

4.1.2.1　情况 I：$F(\phi)=\phi$

当$F(\phi)=\phi$时，有效式（4-17）为

$$\begin{aligned} V^L(y) = \frac{1}{2}\cosh(ky)^{-1-2b}\Bigg[&12b\eta^2\arctan\left(\tanh\left(\frac{ky}{2}\right)\right)^2\cosh(ky)+ \\ &\eta\sqrt{6b}k(1-2b\arctan\left(\tanh\left(\frac{ky}{2}\right)\right)\sinh(ky))\Bigg] \end{aligned} \tag{4-18a}$$

$$V^R(y) = V^L(y)|_{\eta\to-\eta} \tag{4-18b}$$

它们是对称的。在原点和无穷远处的势的值为

$$V^R(0) = -\eta k\sqrt{\frac{3b}{2}} = -V^L(0) \tag{4-19}$$

$$V^R(\pm\infty) = 0 = V^L(\pm\infty) \tag{4-20}$$

当$F(\phi)=\phi$时，有效式（4-17）很明显，这两个势在$y\to\pm\infty$时表现出相同的渐近行为，而它们在$y=0$时的值相反。因此，只有左手或右手引力微子零模（四维无质量左手或右手引力微子）可以局域在$f(R)$-厚膜中。式（4-18）的形状如图 4-1 所示。可以看出，对于任意正的b，k和η，$V^R(z(y))$为火山势，可能存在局域零模和连续无间隙的大质量 KK 模谱。此外，势V^R的深度随η、b和k参数的增大而增大。用式（4-18b）求解方程（4-5b），右手引力微子的零模变成

$$\begin{aligned} \chi_0^R(z) &\propto \exp\left(-\eta\int_0^z e^{A(\bar{z})}F(\phi)\,\mathrm{d}\bar{z}\right) = \exp\left(-\eta\int_0^y \phi(\bar{y})\,\mathrm{d}\bar{y}\right) \\ &= \exp\left(-\eta\int_0^y \sqrt{6b}\arctan\left(\tanh\left(\frac{k\bar{y}}{2}\right)\right)\mathrm{d}\bar{y}\right) \end{aligned} \tag{4-21}$$

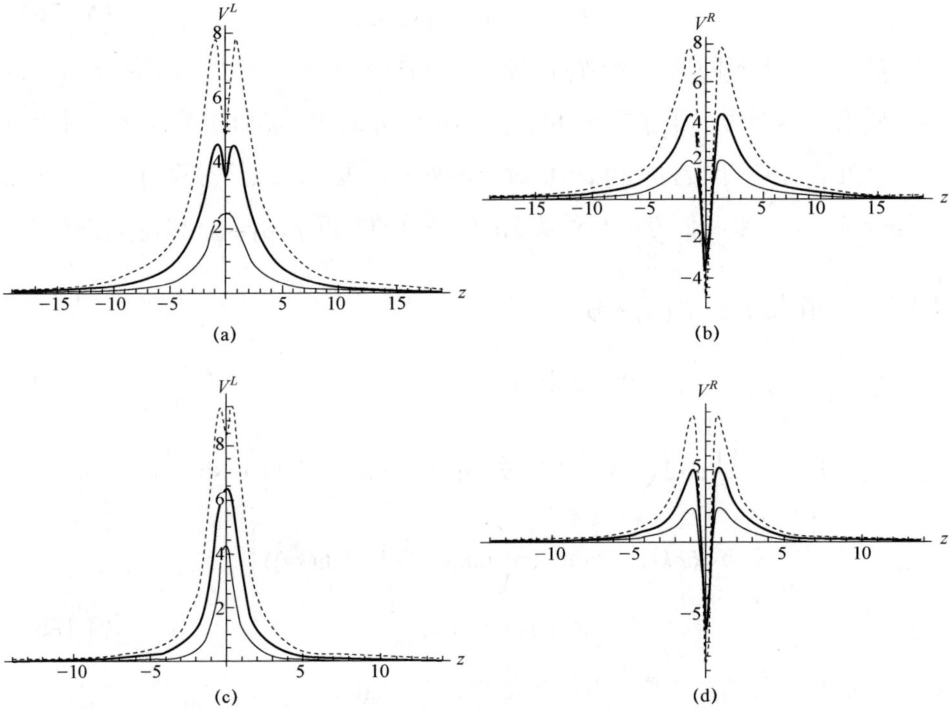

图 4-1　$F(\phi)=\phi$ 的 $f(R)$ -厚膜上左手和右手引力微子的势 $V^L(z)$ 和 $V^R(z)$ 。$k=1$ ，耦合常数 η 设为 2.0（深灰色细线），3.0（浅灰色粗线）和 4.0（虚线）

（a）$V^L,b=1$；（b）$V^R,b=1$；（c）$V^L,b=3$；（d）$V^R,b=3$

它的归一化条件

$$\int_{-\infty}^{\infty}(\chi_0^R(z))^2\mathrm{d}z=\int_{-\infty}^{\infty}(\chi_0^R(y))^2e^{-A(y)}\mathrm{d}y$$

$$\propto\int_{-\infty}^{\infty}\exp\left(-A(y)-2\eta\int_0^y\phi(\bar{y})\,\mathrm{d}\bar{y}\right)\mathrm{d}y=\int_{-\infty}^{\infty}\exp\Big(b\ln(\cosh(ky))$$

$$-2\eta\int_0^y\sqrt{6b}\arctan\left(\tanh\left(\frac{k\bar{y}}{2}\right)\right)\mathrm{d}\bar{y}\Bigg)\mathrm{d}y<\infty \tag{4-22}$$

等于

$$\int_0^{\infty}\exp\left(kby-\frac{\pi\eta}{2}\sqrt{6b}\,y\right)\mathrm{d}y<\infty \tag{4-23}$$

因为 $-A(y)\to kby$ 和 $\arctan(\tanh(\frac{ky}{2}))=\pi/4$ 当 $y\to\infty$ 时。上述归一化条件（4-23）要求

$$\eta > \eta_0 \equiv \frac{k}{\pi}\sqrt{\frac{2b}{3}} \tag{4-24}$$

因此，如果耦合常数足够强$(\eta > \eta_0)$，则右手零模可以局域在膜中。在条件（4-24）下，检验左手零模是否能在膜中局域化并不困难。

另一方面，正η势$V^L(z(y))$总是正的，并且随着离膜距离的增加而消失。这种类型的势不能捕获任何束缚态；因此，不存在左手引力微子零模。势V^L的结构由参数V^L、b和η决定。对于给定的k和b，势V^L有一个小η势垒。当η值增大时，出现准势阱，且势阱深度随η值增大而增大。然而，当η和k（或b）给定时，势V^L的高度随b（或k）的增大而增大，准势阱随b（或k）的增大而转变为势垒。在$y=0$点附近，势阱V^L的行为与函数y^4相似，如果在$y=0$点附近存在准势阱，则会出现 3 个极值点。利用$\partial_y V^L$在点$y=0$附近的三阶泰勒级数展开，我们得到

$$\begin{aligned}\partial_y V^L &= \frac{1}{2}k^2\eta[6b\eta - \sqrt{6b}k(1+4b)]y \\ &+ \frac{1}{12}k^4\eta[\sqrt{6b}k(1+2b)(5+18b) - 24b\eta(1+3b)]y^3 + O(z^5)\end{aligned} \tag{4-25}$$

当$k=1$且$b > \frac{1}{2\sqrt{3}}$时，上述函数有三根，当$\eta > \frac{1}{6}\sqrt{\frac{6+48b+96b^2}{b}}$（当$b=1$时等于 2.041 24）时出现一个准势阱。

对于V^L出现准势阱的情况，我们可以找到引力微子的共振态，这些共振态是膜上具有有限寿命的大质量四维引力微子。为了研究引力微子的共振模，我们将相对概率定义为[39]

$$P_{L,R}(m^2) = \frac{\int_{-z_b}^{z_b} |\chi^{L,R}(z)|^2\,\mathrm{d}z}{\int_{-z_{\max}}^{z_{\max}} |\chi^{L,R}(z)|^2\,\mathrm{d}z} \tag{4-26}$$

其中$2z_b$近似为膜的宽度，$z_{\max}=10z_b$。左、右手波函数$\chi^{L,R}(z)$是方程（4-5）的解。以上定义可以解释$|\chi^{L,R}(z)|^2$为概率密度[39,51]。如果相对概率$P(m^2)$在$m=m_n$附近有一个峰值，则存在质量为m_n的共振模。这些峰的宽度应为最大值的一半，并且这些峰的数量与谐振模的数量相同。得到方程

（4-5）的解，我们总是需要两种附加的初始条件

$$\chi_{\text{even}}^{L,R}(0)=1,\quad \partial_z\chi_{\text{even}}^{L,R}(0)=0 \tag{4-27a}$$

$$\chi_{\text{odd}}^{L,R}(0)=0,\quad \partial_z\chi_{\text{odd}}^{L,R}(0)=1 \tag{4-27b}$$

其中 $\chi_{\text{even}}^{L,R}$ 和 $\chi_{\text{odd}}^{L,R}$ 分别对应 $\chi^{L,R}(z)$ 的偶宇称模和奇宇称模。

我们的结果显示在图 4-2、图 4-3 和表 4-1 中。

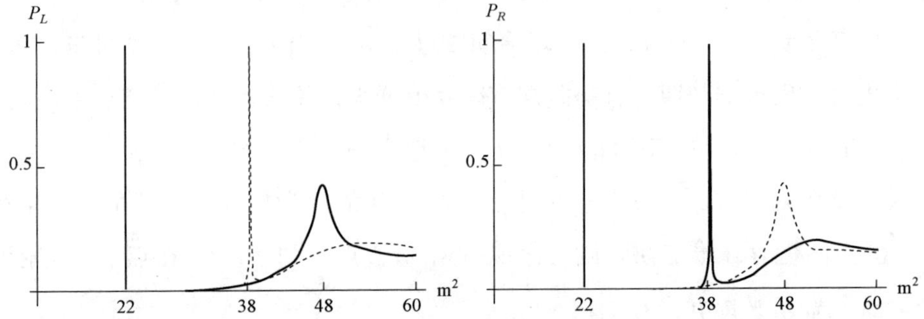

图 4-2　在耦合 $F(\phi)=\phi$ 的厚膜上寻找质量为 m^2 的左手和右手引力微子的大质量共振 KK 模的概率 $P_{L,R}$（作为 m^2 的函数）。实线和虚线分别表示偶宇称和奇宇称大质量引力微子。参数设为 $b=1$，$k=1$，$\eta=10$，$z_{\max}=20$

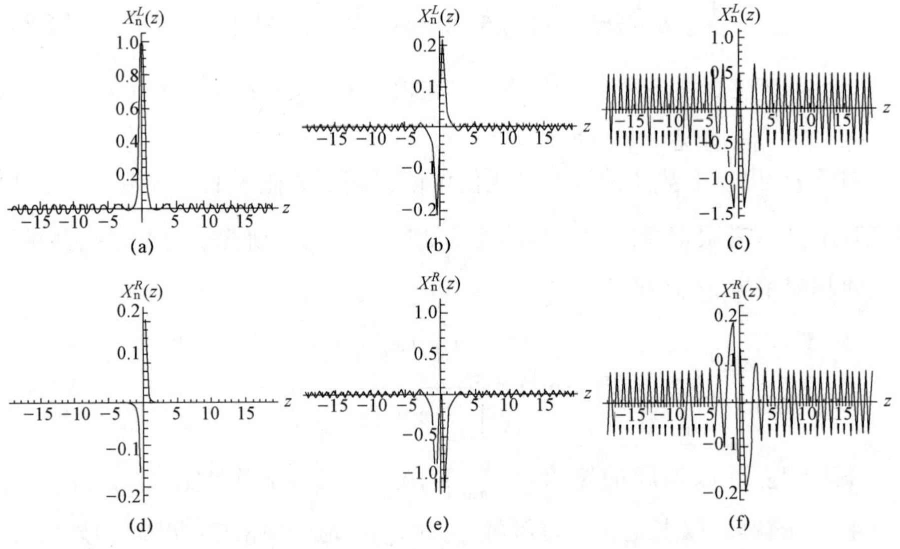

图 4-3 不同 m^2 耦合 $F(\phi)=\phi$ 时左手（上）和右手（下）引力微子的大质量 KK 共振模的形状。参数设置为 $k=1$，$b=1$，$\eta=10$，$z_{\max}=20$

（a）$m^2=21.9171$；（b）$m^2=38.3348$；（c）$m^2=47.9467$；

（d）$m^2=21.9169$；（e）$m^2=38.3311$；（f）$m^2=47.9328$

显然，左手和右手引力微子的共振模的质谱几乎是相同的，而它们的对偶却是相反的。左手引力微子的第一共振模是偶的，它在 $z=0$ 附近的形状看起来像基态。相反，右手引力微子的第一共振模是奇的，它似乎是第一激发态。这些结果是合理的，因为有效势 V^L 和 V^R 是超对称的伙伴，它们给出了相同的共振模谱。事实上，膜上的费米子共振也有类似的性质，因为引力微子的 KK 模的方程（4-5）与费米子几乎相同。然而，它们之间有一个区别，阐述如下：对于具有耦合项的五维狄拉克费米场，如果我们使用伽马矩阵（8）的表示和宇称关系（25），左、右手费米子 KK 模 $f^{L,R}$ 的运动方程

$$(-\partial_z^2+V^L(z))f^L=m^2 f^L \tag{4-28a}$$

$$(-\partial_z^2+V^R(z))f^R=m^2 f^R \tag{4-28b}$$

有效势

$$V^L(z)=\eta^2 e^{2A}F^2(\phi)-\eta e^A\partial_z F(\phi)-\eta e^A(\partial_z A)F(\phi) \tag{4-29a}$$

$$V^R(z)=\eta^2 e^{2A}F^2(\phi)+\eta e^A\partial_z F(\phi)+\eta e^A(\partial_z A)F(\phi) \tag{4-29b}$$

显然，左手引力微子的 KK 模（4-5a）的类薛定谔方程与右手费米子的 KK 模（4-28b）的类薛定谔方程相同，右手引力微子的 KK 模（4-5b）的类薛定谔方程与左手费米子的 KK 模（4-28a）的类薛定谔方程相同。因此，对于五维狄拉克费米子，只有左手费米子的零模可以局域在具有耦合 $F(\phi)=\phi$ 的 $f(\phi)$-厚膜中，而右手费米子的第一共振模是偶的。费米子和引力微子的 KK 模之间的差异是由它们的场方程的差异产生的。对于具有汤川耦合的五维狄拉克费米子场，场方程如下

$$[\gamma^\mu\partial_\mu+\gamma^5(\partial_z+2\partial_z A)-\eta \mathrm{e}^A F(\phi)]\Psi=0 \tag{4-30}$$

注意，γ^5 前面的符号是正的。对于背景引力微子，等式（20）证明了 γ^5 前面的符号为负，从而导致上述结果的交换。这个差别是值得注意的，它可能标志着狄拉克费米场和引力微子场之间的区别。

此外，引力微子场的共振模数随着耦合常数 η 的增大而增加，但随着参数 b 的增大而减少，当共振模的质量接近势的最大值时，相对概率 P 减小。此外，当 m^2 接近势最大值时，共振模彼此接近。这些结果与狄拉克费米子的结果一致。

4.1.2.2 情况Ⅱ：$F(\phi)=\phi^{\alpha}$，其中 $\alpha>1$

我们考虑了汤川耦合 $F(\phi)=\phi^{\alpha}$ 与 $\alpha=3,5,7,\cdots$ 的自然推广。注意，当 $\alpha\geqslant 3$ 时，ϕ^{α} 变成双扭结，因为标量场 ϕ 是一个扭结。在这种情况下，有效式（4-17）变为

$$
\begin{aligned}
V^{L}(y)=&\frac{1}{2}3^{\frac{\alpha}{2}}k\eta b^{\frac{\alpha}{2}-1}\arctan^{\alpha-1}\left(\tanh\left(ky/2\right)\right)\mathrm{sech}^{2b+1}(ky)\\
&\times[\alpha-2b\arctan(\tanh(ky/2))\sinh(ky)]\\
&+6^{\alpha}\eta^{2}\left(\sqrt{b}\arctan\left(\tanh(ky/2)\right)\right)^{2\alpha}\mathrm{sech}^{2b}(ky)
\end{aligned}
\tag{4-31a}
$$

$$
V^{R}(y)=V^{L}(y)|_{\eta\to-\eta}
\tag{4-31b}
$$

显然，两个式是对称的，在 $y=0$ 和 $y\to\pm\infty$ 处消失，对于不同的 b 和 α 的值，如图 4-4 所示。

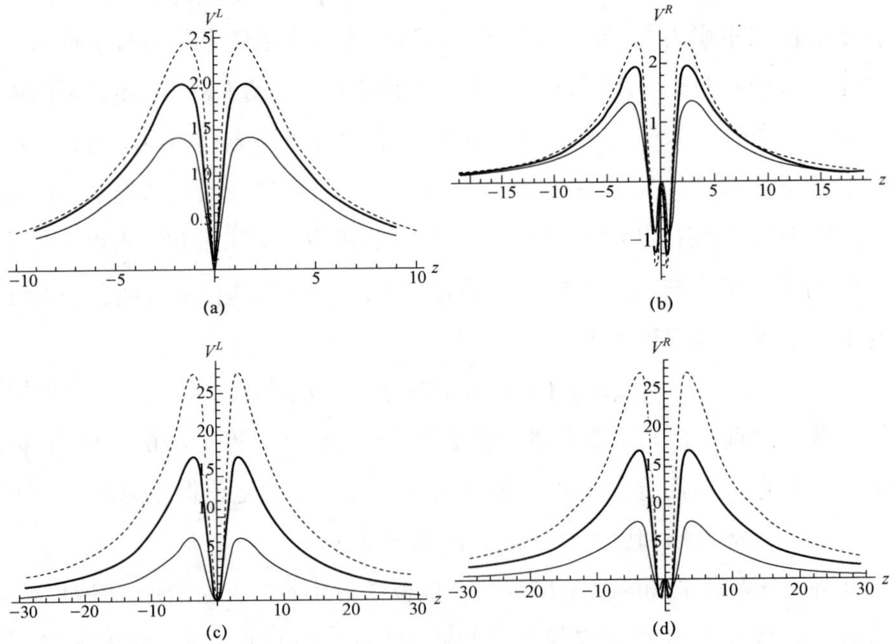

图 4-4　具有 $F(\phi)=\phi^{\alpha}$ 的 $f(R)$-厚膜上左手和右手引力微子的势 $V^{L}(z)$ 和 $V^{R}(z)$。$k=1$，$\eta=1$，b 设为 1.0（深灰色细线），1.5（浅灰色粗线）和 2.0（虚线）

（a）$V^{L},\alpha=3$；（b）$V^{R},\alpha=3$；（c）$V^{L},\alpha=5$；（d）$V^{R},\alpha=5$

对于左手势 V^L 总是存在一个准势阱，对于右手势总是存在一个双势阱。随着参数 b、η 和 α 的增加，这两种势阱的深度都增加，这意味着共振的数量随着 b、η 和 α 的增加而增加。由于耦合函数 ϕ^α 在 $y \to \pm\infty$ 时趋于常数，右手引力微子的零模

$$\chi_0^R \propto \exp\left(-\eta\int_0^z e^{A(z)}\phi^\alpha \mathrm{d}z\right) = \exp\left(-\eta\int_0^y \phi^\alpha \mathrm{d}y\right) \tag{4-32}$$

是等于 $\exp\left(-\eta(\frac{\pi}{4}\sqrt{6b})^\alpha\,|\,y\,|\right)$ 因为 $\phi^\alpha = \pm(\frac{\pi}{4}\sqrt{6b})^\alpha$ 当 $y \to \pm\infty$ 时。对于任何正耦合常数 η，归一化条件的满足是容易检验的。因此，对于任意正耦合常数 η，右手零模可以局域在膜上；同时，左手零模不能局域化。

对于质量模，我们考虑共振态。在前一小节中，我们通过使用两种类型的初始条件（4-27）在数值上求解薛定谔方程（4-5）。共振的质谱见表 4-1。很明显，在这张表中，左手引力微子和右手引力微子的共振模的质量仍然几乎相同，而它们的对偶却是相反的。共振次数随参数 b、α 和 η 的增加而增加。随着 m^2 的增加，这些共振彼此接近，这与 $\alpha=1$ 时的结论相同。

表 4-1　耦合 $F(\phi)=\phi^\alpha$ 的奇数和偶数奇偶解的左手和右手引力子的特征值 m^2 和质量 m。参数设置为 k=1、$\eta=1$ 和 b=1

α	c	p	m^2	m
3	$\mathcal{L}$	even	1.078 51	1.038 51
	$\mathfrak{R}$	odd	1.077 71	1.038 13
5	$\mathcal{L}$	even	1.341 76	1.158 34
		odd	3.842 31	1.960 18
		even	5.852 06	2.419 10
		odd	7.307 02	2.703 15
		even	8.794 01	2.965 47
	$\mathfrak{R}$	odd	1.328 35	1.152 54
		even	3.834 57	1.958 21
		odd	5.847 65	2.418 19
		even	7.311 79	2.704 03
		odd	8.805 62	2.967 43

4.1.3 具有 $L=X_1+X_2-V(\phi_1,\phi_2)$ 的 $f(R)$ -厚膜中引力微子场的局域化

在上一小节中，$f(R)$ -厚膜是由单个标准标量场生成的。在本节中，我们将分析背景引力微子在 Bloch- $f(R)$ 膜模型中的局域化，其中标量场的拉格朗日密度给出

$$L=-\frac{1}{2}\partial^M\phi\partial_M\phi-\frac{1}{2}\partial^M\xi\partial_M\xi-V(\phi,\xi) \tag{4-33}$$

标量场 ϕ 和 ξ 通过标量势 $V(\phi,\xi)$ 相互作用。在下面的方程中，我们考虑前面给出的解[29]

$$\phi(y)=v\tanh(2dvy) \tag{4-34a}$$

$$\xi(y)=v\sqrt{\frac{\tilde{b}-2d}{d}}\,\mathrm{sech}(2dvy) \tag{4-34b}$$

$$A(y)=\frac{v^2}{9d}\left[(\tilde{b}-3d)\tanh^2(2dvy)-2\tilde{b}\ln\cosh(2dvy)\right] \tag{4-34c}$$

式中，$\tilde{b}>2d>0$，标量势为

$$\begin{aligned}V(\phi,\xi)=&\frac{1}{2}[(\tilde{b}v^2-\tilde{b}\phi^2-d\xi^2)^2+4d^2\phi^2\xi^2]\\&-\frac{4}{3}\left(\tilde{b}\phi v^2-\frac{1}{3}\tilde{b}\phi^3-d\phi\xi^2\right)^2\end{aligned} \tag{4-35}$$

对于参数 v 和 $\tilde{b}$ 的某些给定值，函数 $f(R)$ 可以用解析表达式。例如，当 $v=\sqrt{3/2}$ 且 $\tilde{b}=3d$ 时，我们有

$$\begin{aligned}f(R)=R+&\frac{2\gamma}{7}[\sqrt{3(R-48d^2)(R+120d^2)}\sin\mathcal{Y}(R)\\&+2(R+36d^2)\cos\mathcal{Y}(R)]\end{aligned} \tag{4-36}$$

其中 γ 为参数，$\mathcal{Y}(R)=\sqrt{3}\ln\left(\frac{\sqrt{R-48d^2}+\sqrt{R+120d^2}}{2\sqrt{42}d}\right)$。

接下来，我们研究了耦合函数 $F(\phi)=\phi^p\xi^q$ 且 $p=1,3,5,\cdots$ 且 q 为任意整数的背景引力微子的局域化。这种耦合以前也被用来局域狄拉克费米子[51-53]。

4.1.3.1　情形 I： $F(\phi)=\phi^p\xi^q$ 且 $q>0$

首先，考虑 $F(\phi)=\phi^p\xi^q$ 且 $q>0$ 的情况。为了方便，设 $q=1$。最简单的情况是两个标量场和引力微子之间的汤川耦合，即 $-\eta\phi\xi\bar{\Psi}_M[\Gamma^M,\Gamma^N]\Psi_N$。我们还假定耦合常数 η 为正，而不失一般性。在这种情况下，式（4-17）的渐近行为与上一小节类似。当 z（或 y）$\to\infty$ 时，势 V^L 和势 V^R 均消失，在 $z=0$ 处，势 V^L 和势 V^R 的值相反：

$$V^L(0)=-V^R(0)=2\eta v^3\sqrt{(\tilde{b}-2d)d} \tag{4-37}$$

这表明在 V^R 的 $z=0$ 附近存在一个势阱。因此，引力微子的左手零模在膜中不能局域在膜上，而右旋零模可以局域。然而，当代入右手零模的解时

$$\begin{aligned}\chi_0^R &\propto \exp\left(-\eta\int_0^z \mathrm{d}\bar{z}e^{A(\bar{z})}\phi(\bar{z})\xi(\bar{z})\right)=\exp\left(-\eta\int_0^y \mathrm{d}\bar{y}\phi(\bar{y})\xi(\bar{y})\right)\\ &=\exp\left(\frac{\eta v}{2d}\sqrt{\frac{\tilde{b}-2d}{d}}\mathrm{sech}(2dv\bar{y})|_0^y\right)\\ &\propto \exp\left(\frac{\eta v}{2d}\sqrt{\frac{\tilde{b}-2d}{d}}\mathrm{sech}(2dvy)\right)\end{aligned} \tag{4-38}$$

在归一化条件（2-62）中，我们求出积分

$$\begin{aligned}\int_{-\infty}^{\infty}(\chi_0^R(z))^2dz &=\int_{-\infty}^{\infty}(\chi_0^R(y))^2e^{-A(y)}dy\propto\int_{-\infty}^{\infty}\exp\left(-A(y)-2\eta\int_0^y\phi(\bar{y})\xi(\bar{y})d\bar{y}\right)dy\\ &=C^2\int_{-\infty}^{\infty}\cosh(2dvy)^{\frac{2v^2\tilde{b}}{9d}}\exp\left(\frac{2\eta v}{2d}\sqrt{\frac{\tilde{b}-2d}{d}}\mathrm{sech}(2dvy)\right.\\ &\quad\left.-\frac{v^2}{2d}(\tilde{b}-3d)\tanh^2(2dvy)\right)dy\end{aligned} \tag{4-39}$$

是发散的，这意味着右手零模不能局限在膜上。虽然右手引力微子的势是火山势，但在膜上不存在零模。事实上，对于任意 $q>0$ 且 $p=1,3,5,\cdots$，由于 $F(\phi)=\phi^p\xi^q\propto\tanh^p(2dvy)\mathrm{sech}^q(2dvy)\to 0$，右手零模将是一个的常数当 $y\to\infty$ 时。显然，这种零模不能满足归一化条件（2-62）。因此，对于任何 $q>0$，引力微子在膜上不存在有界零模（左手零模也不能局域化）。由于膜上不存在局域零模，我们转而研究 $q<0$ 的情况。

4.1.3.2 情形Ⅱ：$F(\phi)=\phi^p\xi^q$ 且 $q<0$（或者 $q=-1$）

为了方便，我们设 $q=-1$ 来表示 $q<0$ 的情况。这种情况下的式（4-17）如图 4-5 所示。

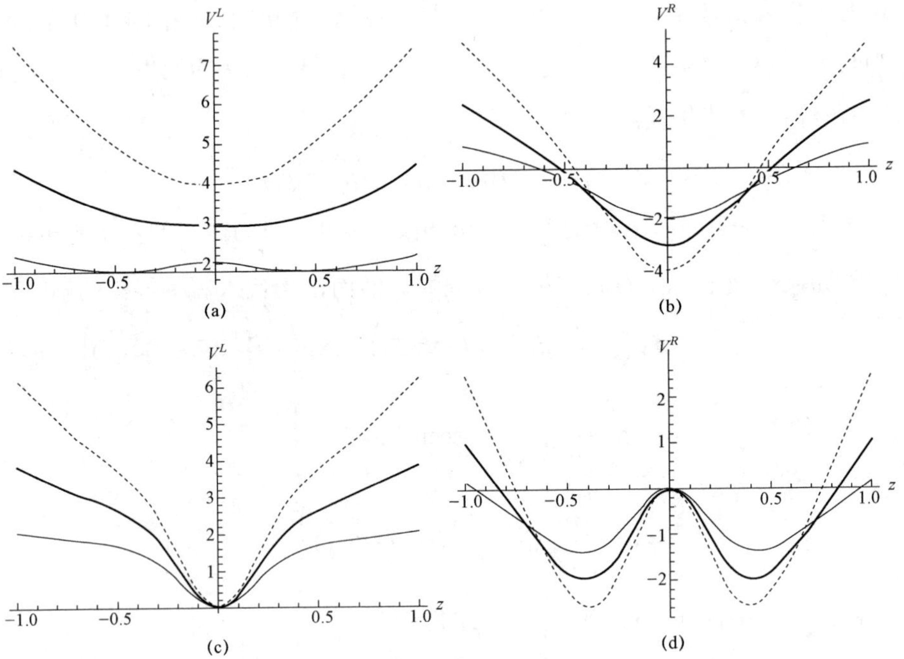

图 4-5　具有 $F(\phi)=\phi^p\xi^{-1}$ 的 $f(R)$ -厚膜上左手和右手引力微子 KK 模的势 $V^L(z)$ 和 $V^R(z)$。$\nu=d=1$；$\tilde{b}=3$；耦合常数 η 设为 1.0（深灰色细线），1.5（浅灰色粗线）和 2.0（虚线）

（a）$V^L, p=1$；（b）$V^R, p=1$；（c）$V^L, p=3$；（d）$V^R, p=3$

势 V^L 和 V^R 都有无限个阱。对于最简单的情况 $p=1$，两个势随着 z（或 y）$\to\infty$ 而消失，它们的值在 $z=0$：$V^L(0)=-V^R(0)=\frac{2\eta d\nu}{\sqrt{(\tilde{b}-2d)/d}}$ 时变为相反。左手零模还不能局域在膜上，因为左手零模发散为 $z=0$，而右手零模则相反

$$\chi_0^R\propto\exp\left(-\eta\int_0^y \mathrm{d}\bar{y}\phi(\bar{y})\xi^{-1}(\bar{y})\right)$$

$$=\exp\left(-\frac{\eta}{2}\left(\sqrt{(\tilde{b}-2d)d\nu}\right)^{-1}\cosh(2d\nu\bar{y})\big|_0^y\right)$$

$$\propto \exp\left(-\frac{\eta}{2}\left(\sqrt{(\tilde{b}-2d)d}\nu\right)^{-1}\cosh(2d\nu\overline{y})\right) \tag{4-40}$$

随 $y\to\infty$ 而消失，对于任何 $\eta>0$。在（4-24）条件下，检验任意 $\eta>0$ 的右手零模是否能局域化在膜上是很容易的。更进一步，对于任意 $q<0$ 且 $p=1,3,5\cdots$，右手零模将被局域化。当 $p\geqslant 3$ 时，两个势在 $z=0$：$V^L(0)=V^R(0)=0$ 处消失，且左手势 V^L 总是非负的，而 V^R 有双阱。因此，在膜中只有右手零模可以局域化。

在这种情况下有无限的有界质量 KK 模因为两个有效势都是无限的。我们的一些结果列在表 3 中。很明显，左右手引力微子的大质量有界 KK 模在它们的对偶时的质谱几乎是相同的，如前一节所示。当 $p=1$ 时，左手引力微子的第一有界态的质量（或右手引力微子的第一激发态的质量）随着 η 值的增大而增大，因为左手势 V^L 的最小值随着 η 值的增大而增大。有效势的相对宽度随 η 值的增大而减小，随 m^2 的增大而增大。因此，有界态之间的间隙将随着 η 的增大而扩大，并随着 m^2 的增大而变得越来越窄。当 $p\geqslant 3$ 时，尽管左手势 V^L 的最小值始终为零，但左手引力微子第一有界态的质量仍然随着 η 的增长而增加。其他结论与 $p=1$ 的情况相同。

4.2　引入非最小耦合

首先考虑具有非最小耦合的自由无质量引力微子场的局域化问题。五维线元可设为

$$\mathrm{d}s^2=\mathrm{e}^{2A(y)}\hat{\eta}_{\mu\nu}\mathrm{d}x^\mu\mathrm{d}x^\nu+\mathrm{d}y^2 \tag{4-41}$$

其中 $\mathrm{e}^{2A(y)}$ 是卷曲因子 y 是额外的坐标。$\hat{\eta}_{\mu\nu}$ 是膜上的度规，本书考虑平直膜。通过执行相应的坐标变换

$$\mathrm{d}z=\mathrm{e}^{-A(y)}\mathrm{d}y \tag{4-42}$$

度规（4-41）转换为共形平直度规

$$\mathrm{d}s^2=\mathrm{e}^{2A}(\hat{\eta}_{\mu\nu}\mathrm{d}x^\mu\mathrm{d}x^\nu+\mathrm{d}z^2) \tag{4-43}$$

这对于讨论引力和各种物质场的局域化更方便。

在五维时空中，自由无质量引力微子场 Ψ 的作用量为

$$S_{\frac{3}{2}} = \int d^5x\sqrt{-g}f\bar{\Psi}_M\Gamma^{[M}\Gamma^N\Gamma^{R]}D_N\Psi_R \tag{4-44}$$

相应的拉格朗日密度为

$$\mathfrak{L} = \sqrt{-g}f\bar{\Psi}_M\Gamma^{[M}\Gamma^N\Gamma^{R]}D_N\Psi_R \tag{4-45}$$

其中 $M,N\cdots=0,1,2,3,5$ 表示五维指标，$\mu,\nu\cdots=0,1,2,3$ 表示四维时空指标。f 表示非极小耦合项，它是背景标量场 ϕ 和/或里奇标量 R 的函数。弯曲时空中的狄拉克伽马矩阵 Γ^M 满足 $\{\Gamma^M,\Gamma^N\}=2g^{MN}$。因此我们有 $\Gamma^M=e^{-A}(\gamma^\mu,\gamma^5)$。其中 γ^μ 和 γ^5 是平面矩阵在四维狄拉克表示中的形式。相应的运动方程为

$$\Gamma^{[M}\Gamma^N\Gamma^{R]}D_N\Psi_R = 0 \tag{4-46}$$

这里，引力微子场的协变导数定义为

$$D_N\Psi_R = \partial_N\Psi_R - \Gamma^M_{NR}\Psi_M + \omega_N\Psi_R \tag{4-47}$$

在本书中，ω_N 的非消失分量是

$$\omega_\mu = \frac{1}{2}(\partial_z A)\gamma_\mu\gamma_5 \tag{4-48}$$

为简单起见，我们仍然优先考虑规范条件 $\Psi_z=0$。因此，我们可以得到 $D_N\Psi_R$ 的以下非消失分量：

$$D_\mu\Psi_\nu = \partial_\mu\Psi + \frac{1}{2}A'\gamma_\mu\gamma_5\Psi_\nu \tag{4-49a}$$

$$D_\mu\Psi_z = -A'\Psi_\mu \tag{4-49b}$$

$$D_z\Psi_\mu = \partial_z\Psi_\mu - A'\Psi_\mu \tag{4-49c}$$

方程（4-46）包含五个方程，因为 M 扩展到所有五个时空指标。然而，由于规范条件 $\Psi_z=0$，作用量（4-44）中 $\Gamma^{[5}\Gamma^N\Gamma^{R]}D_N\Psi_R$ 的贡献消失了，因此 $M=5$ 的情况可以忽略不计。我们只需要考虑 $M=\mu$ 的情况，其中方程（4-46）读作

$$\begin{aligned}\Gamma^{[\lambda}\Gamma^N\Gamma^{L]}D_N\Psi_L &= \Gamma^{[\lambda}\Gamma^\mu\Gamma^{\nu]}D_\mu\Psi_\nu + \Gamma^{[\lambda}\Gamma^\nu\Gamma^{5]}D_\nu\Psi_z + \Gamma^{[\lambda}\Gamma^5\Gamma^{\nu]}D_z\Psi_\nu \\ &= e^{-3A}\gamma^{[\lambda}\gamma^\mu\gamma^{\nu]}\partial_\mu\Psi_\nu + e^{-3A}[\gamma^\lambda,\gamma^\nu]\gamma_5(A'+\partial_z)\Psi_\nu = 0\end{aligned} \tag{4-50}$$

首先，我们考虑零模，它对应于四维无质量引力微子。为了方便起见，我们引入以下 KK 分解：

$$\Psi_{\mu}^{(0)}=\psi_{\mu}^{(0)}(x)\xi_{0}(z) \tag{4-51}$$

这里四维无质量引力 $\psi_{\mu}^{(0)}$ 满足 $\gamma^{[\lambda}\gamma^{\mu}\gamma^{\nu]}\partial_{\mu}\psi_{\nu}^{(0)}=0$。因此零模 $\xi_{0}(z)$ 的运动方程为

$$(\partial_{z}+A')\xi_{0}(z)=0 \tag{4-52}$$

显然，解是

$$\xi_{0}(z)=Ce^{-A(z)} \tag{4-53}$$

其中 C 是标准化常数。将零模 $\xi_{0}(z)$ 代入引力微子作用式（4-44）

$$S_{\frac{3}{2}}^{(0)}=I_{0}\int \mathrm{d}^{4}xf(z)\sqrt{-\hat{g}}\bar{\psi}_{\lambda}^{(0)}\gamma^{[\lambda}\gamma^{\mu}\gamma^{\nu]}\partial_{\mu}\psi_{\nu}^{(0)}(x) \tag{4-54}$$

其中 $I_{0}=\int \mathrm{d}ze^{2A}\xi_{0}^{2}(z)f(z)=C^{2}\int f(z)\mathrm{d}z=C^{2}\int f(z(y))e^{-A(y)}\mathrm{d}y$。如果我们想要在膜上局域引力微子的自旋 $\frac{3}{2}$，积分必须是有限的。非最小耦合项 f 的存在性显然给出了即使额外维度是无限的情况下满足上述条件的可能性。然后我们可以得到一个局域零模。文献［50，56］中提出自由无质量引力微子的零模只能在有限额外维度的膜上局域化。可见，非最小耦合的引入极大地扩展了局域零模的膜的范围。

例如，我们考虑一个由标准规范标量场构造的厚膜，其作用量可以写成

$$S=\int \mathrm{d}^{5}x\sqrt{-g}\left[\frac{1}{2}R-\frac{1}{2}(\partial\phi)^{2}-V(\phi)\right] \tag{4-55}$$

通过考虑膜度规（4-41）和正弦戈登标量势

$$V(\phi)=\frac{3}{2}c^{2}[3b^{2}\cos^{2}(b\phi)-4\sin^{2}(b\phi)] \tag{4-56}$$

膜解可以由文献［20，26，36］给出

$$\mathrm{e}^{A(y)}=[\cosh(cb^{2}y)]^{-\frac{1}{3b^{2}}} \tag{4-57a}$$

$$\phi(y)=\frac{2}{b}\arctan\tanh\left(\frac{3}{2}cb^{2}y\right) \tag{4-57b}$$

其中 b 和 c 是与膜厚度相关的参数。可以观察到电位趋近于负值 $V(\pm\infty)=-6c^2$，表明背景渐近 AdS。为简单起见，参数可以定义为 $\frac{1}{3b^2}=\bar{b}$，$cb^2=a$。在这种情况下，膜解可以表示为

$$A(y)=-\bar{b}\ln\cosh(ay) \tag{4-58a}$$

$$\phi(y)=\phi_0\arctan\tanh\left(\frac{3ay}{2}\right) \tag{4-58b}$$

其中 $\phi_0=2\sqrt{3\bar{b}}$。通过考虑坐标变换(4-42)，我们可以得到共形坐标 $z(y)$，它是一个复函数，不能表示为初等函数。为简单起见，我们选择 $b=1$ 的简单情况。在这种情况下，共形坐标为

$$z=\int_0^y\cosh(a\bar{y})\,\mathrm{d}\bar{y}=\frac{1}{a}\sinh(ay) \tag{4-59}$$

并且膜解是

$$A(z)=-\ln(\cosh(\sinh(az)))=-\frac{1}{2}\ln(1+a^2z^2) \tag{4-60}$$

$$\phi(z)=\phi_0\arctan\tanh\left(\frac{3}{2}\mathrm{arcsinh}(az)\right) \tag{4-61}$$

当我们考虑非最小耦合函数 $f(y(z))=\mathrm{e}^{2A(y)}=\frac{1}{1+a^2z^2}$ 时，很明显积分 $I_0=\int\mathrm{d}z\mathrm{e}^{2A}\xi_0^2(z)f(z)=C^2\int f(z)\,\mathrm{d}z=C^2\frac{\pi}{a}$ 是一个常数。因此，零模可以局域在膜上。这一结论表明，非最小耦合可以为零模的局域化提供更多的可能性。

然后，考虑大质量模。对于这种情况，我们需要引入以下手性分解

$$\begin{aligned}\Psi_\mu(x,z)&=\sum_n\mathrm{e}^{-A}(\psi_{L\mu}^{(n)}(x)\chi_n^L(z)+\psi_{Rn}^{(n)}\chi_n^R(z))\\&=\sum_n e^{-A}\left(\begin{bmatrix}0\\\tilde{\psi}_{L\mu}^{(n)}\chi_n^L\end{bmatrix}+\begin{bmatrix}\tilde{\psi}_{R\mu}^{(n)}\chi_n^R\\0\end{bmatrix}\right)\end{aligned} \tag{4-62}$$

其中 $\tilde{\psi}_{L\mu}^{(n)}$ 和 $\tilde{\psi}_{R\mu}^{(n)}$ 是二分量旋量。引力微子的左手和右手部分满足以下等式

$$\gamma^5\psi_{L\mu}^{(n)}=-\psi_{L\mu}^{(n)},\quad \gamma^5\psi_{R\mu}^{(n)}=\psi_{R\mu}^{(n)} \tag{4-63}$$

因此，将手性分解（4-60）代入式（4-55），考虑四维手性引力微子方程

$$\gamma^{[\lambda}\gamma^{\mu}\gamma^{\nu]}\hat{D}_{\mu}\psi_{L\nu}^{(n)}=m_{n}[\gamma^{\lambda},\gamma^{\alpha}]\psi_{R\alpha}^{(n)} \tag{4-64a}$$

$$\gamma^{[\lambda}\gamma^{\mu}\gamma^{\nu]}\hat{D}_{\mu}\psi_{R\nu}^{(n)}=m_{n}[\gamma^{\lambda},\gamma^{\alpha}]\psi_{L\alpha}^{(n)} \tag{4-64b}$$

大质量 KK 模 χ_n^L 和 χ_n^R 的方程可以被得到

$$\partial_z\chi_n^R(z)=m_n\chi_n^L(z)\text{，}\quad \partial_z\chi_n^L(z)=-m_n\chi_n^R(z) \tag{4-65}$$

然后，我们有

$$-\partial_z^2\chi_n^R(z)=m_n^2\chi_n^R(z)\text{，}\quad -\partial_z^2\chi_n^L(z)=m_n^2\chi_n^L(z) \tag{4-66}$$

方程（4-66）的解明显是振荡的。通常，这种解不能被局域化。

然而，在边界处存在一个收敛的 $f(z)$ 可以改变这一结论。当符合下列正交条件时

$$\int f(z)\chi_m^L(z)\chi_n^R(z)\,\mathrm{d}z=\delta_{RL}\delta_{mn} \tag{4-67}$$

被引入，我们可以得到四维无质量引力微子和大质量引力微子的有效作用量

$$\begin{aligned}S_{\frac{3}{2}}^{m}=&\sum_{n}\int \mathrm{d}^4x[\bar{\psi}_{L\lambda}^{(n)}(x)\gamma^{[\lambda}\gamma^{\mu}\gamma^{\nu]}\partial_{\mu}\psi_{L\nu}^{(n)}(x)-m_n\bar{\psi}_{L\lambda}^{(n)}(x)[\gamma^{\lambda},\gamma^{\mu}]\psi_{R\mu}^{(n)}(x)\\&+\bar{\psi}_{R\lambda}^{(n)}(x)\gamma^{[\lambda}\gamma^{\mu}\gamma^{\nu]}\partial_{\mu}\psi_{R\nu}^{(n)}(x)-m_n\bar{\psi}_{R\lambda}^{(n)}(x)[\gamma^{\lambda},\gamma^{\mu}]\psi_{L\mu}^{(n)}(x)]\\=&\sum_{n}\int \mathrm{d}^4x(\bar{\psi}_{\lambda}^{(n)}(x)\gamma^{[\lambda}\gamma^{\mu}\gamma^{\nu]}\partial_{\mu}\psi_{\nu}^{(n)}(x)-m_n\bar{\psi}_{\lambda}^{(n)}(x)[\gamma^{\lambda},\gamma^{\mu}]\psi_{\mu}^{(n)}(x))\end{aligned} \tag{4-68}$$

我们不难发现，如果我们引入一个收敛的 $f(z)$，使得 KK 模 $\chi_n^L(z)$ 和 $\chi_n^R(z)$ 满足正交条件（4-67），即使它们是振荡的。因此，通过引入非最小耦合，可以得到一系列局域大质量 KK 模。然而，应该注意的是，在这种情况下，所有的大质量 KK 模都可以被局域化。这将导致膜上有大量的大质量引力微子 KK 粒子，这将很容易被观测到，但这与目前的实验观测结果不一致[80-85]。因此，我们需要同时考虑两种局域化机制，即类汤川耦合和非最小耦合。

具有两种耦合的五维引力微子场的作用量可以写成

$$S_{\frac{3}{2}}=\int \mathrm{d}^5x\sqrt{-g}(f\bar{\Psi}_M\Gamma^{[MNR]}D_N\Psi_R-\bar{\Psi}_M\eta F[\Gamma^M,\Gamma^N]\Psi_N) \tag{4-69}$$

这里，F 是背景标量场 ϕ 和/或里奇标量 R 的函数，η 是类汤川耦合常数。由上述作用量导出的运动方程为

$$\Gamma^{[M}\Gamma^{N}\Gamma^{R]}D_{N}\Psi_{R}-\eta\mathfrak{F}[\Gamma^{M},\Gamma^{N}]\Psi_{N}=0 \tag{4-70}$$

且

$$\mathfrak{F}=\frac{F}{f} \tag{4-71}$$

由于我们得到度规（4-71）和规范条件 $\Psi_{z}=0$，并且按照上一小节的推导过程，很明显，

$$\gamma^{[\lambda\mu\nu]}\partial_{\mu}\Psi_{\nu}-A'[\gamma^{\lambda},\gamma^{\mu}]\gamma^{5}\Psi_{\mu}-[\gamma^{\lambda},\gamma^{\mu}]\partial_{z}\gamma^{5}\Psi_{\mu}-\eta\mathrm{e}^{A}\mathfrak{F}(z)[\gamma^{\lambda},\gamma^{\mu}]\Psi_{\mu}=0 \tag{4-72}$$

引入手性分解，我们可以得到

$$\Psi_{\mu}=\psi_{\mu}(x)u(z)=\sum_{n}\mathrm{e}^{-A(z)}(\psi_{L\mu}^{(n)}(x)\chi_{n}^{L}(z)+\psi_{R\mu}^{(n)}(x)\chi_{n}^{R}(z))) \tag{4-73}$$

并得到如下一阶耦合方程

$$(\partial_{z}-\eta\mathrm{e}^{A}\mathfrak{F}(z))\chi_{n}^{L}(z)=-m_{n}\chi_{n}^{R}(z) \tag{4-74a}$$

$$(\partial_{z}+\eta\mathrm{e}^{A}\mathfrak{F}(z))\chi_{n}^{R}(z)=m_{n}\chi_{n}^{L}(z) \tag{4-74b}$$

由上述耦合方程，我们可以得到引力微子左右手性 KK 模的类薛定谔方程

$$(-\partial_{z}^{2}+V^{L}(z))\chi_{n}^{L}(z)=m_{n}^{2}\chi_{n}^{L}(z) \tag{4-75a}$$

$$(-\partial_{z}^{2}+V^{R}(z))\chi_{n}^{R}(z)=m_{n}^{2}\chi_{n}^{R}(z) \tag{4-75b}$$

这里的有效势可以表示为

$$V^{L}(z)=\eta A'\mathrm{e}^{A}\mathfrak{F}(z)+\eta\mathrm{e}^{A}\partial_{z}\mathfrak{F}(z)+(\eta\mathrm{e}^{A}\mathfrak{F}(z))^{2} \tag{4-76a}$$

$$V^{R}(z)=-\eta A'\mathrm{e}^{A}\mathfrak{F}(z)-\eta\mathrm{e}^{A}\partial_{z}\mathfrak{F}(z)+(\eta\mathrm{e}^{A}\mathfrak{F}(z))^{2} \tag{4-76b}$$

通过引入正交条件（4-67），我们可以驱动一个四维无质量引力微子的作用量，并可以得到一系列大质量引力微子（4-68）。然而，判断 KK 模是否由（4-67）局域并不直观，为了解决这个问题，我们引入以下函数 $\chi_{n}'^{L}(z)$ 和 $\chi_{n}'^{R}(z)$

$$\chi_{n}^{L}(z)=f^{-\frac{1}{2}}(z)\chi_{n}'^{L}(z),\qquad \chi_{n}^{R}(z)=f^{-\frac{1}{2}}(z)\chi_{n}'^{R}(z) \tag{4-77}$$

则式（4-74）、式（4-75）可得

$$\left[\partial_z-\left(\frac{1}{2}f^{-1}(z)\partial_z f(z)+\eta e^A\mathfrak{F}(z)\right)\right]\chi_n'^L(z)=-m_n\chi_n'^R(z) \tag{4-78a}$$

$$\left[\partial_z-\left(\frac{1}{2}f^{-1}(z)\partial_z f(z)-\eta e^A\mathfrak{F}(z)\right)\right]\chi_n'^R(z)=m_n\chi_n'^L(z) \tag{4-78b}$$

且

$$[-\partial_z^2+f^{-1}(z)\partial_z f(z)\partial_z+V'^L]\chi_n'^L(z)=m_n^2\chi_n'^L(z) \tag{4-79a}$$

$$[-\partial_z^2+f^{-1}(z)\partial_z f(z)\partial_z+V'^R]\chi_n'^R(z)=m_n^2\chi_n'^R(z) \tag{4-79b}$$

这里我们有

$$\begin{aligned}V'^L&=\eta e^{A(z)}\mathfrak{F}(z)\partial_z A(z)+\eta e^{A(z)}\partial_z\mathfrak{F}(z)+\eta^2 e^{2A(z)}\mathfrak{F}^2(z)+\frac{\partial_z^2 f(z)}{2f(z)}-\frac{3(\partial_z f(z))^2}{4f^2(z)}\\&=V^L+\partial_z\left(\frac{1}{2}f^{-1}(z)\partial_z f(z)\right)-\left(\frac{1}{2}f^{-1}(z)\partial_z f(z)\right)^2\end{aligned} \tag{4-80a}$$

$$\begin{aligned}V'^R&=-\eta e^{A(z)}\mathfrak{F}(z)\partial_z A(z)-\eta e^{A(z)}\partial_z\mathfrak{F}(z)+\eta^2 e^{2A(z)}\mathfrak{F}^2(z)+\frac{\partial_z^2 f(z)}{2f(z)}-\frac{3(\partial_z f(z))^2}{4f^2(z)}\\&=V^R+\partial_z\left(\frac{1}{2}f^{-1}(z)\partial_z f(z)\right)-\left(\frac{1}{2}f^{-1}(z)\partial_z f(z)\right)^2\end{aligned} \tag{4-80b}$$

在这种情况下，正交条件（4-67）更改为

$$\int\chi_m'^L\chi_n'^R\mathrm{d}z=\delta_{LR}\delta_{nm} \tag{4-81}$$

由此条件可解出局域化 KK 模是方便的。方程（4-79）中存在一阶导数项 $\chi_n'^L(z)$ 或 $\chi_n'^R(z)$，使方程式更难解。为了解决这个情况，我们可以考虑以下特殊情况。当我们定义 $\alpha_n(z)$ 和 $\beta_n(z)$ 为 $\alpha_n=\chi_n'^L-\chi_n'^R$ 和 $\beta_n=\chi_n'^L+\chi_n'^R$，方程（4-74）可得

$$(\partial_z-2\eta e^A\mathfrak{F}(z))\alpha_n(z)=-m_n\beta_n(z) \tag{4-82a}$$

$$\partial_z-f^{-1}(z)\partial_z f(z))\beta_n(z)=m_n\alpha_n(z) \tag{4-82b}$$

不难发现，当 $f^{-1}(z)\partial_z f(z)=-2\eta e^A\mathfrak{F}(z)$，即 $f(z)=e^{-2\eta\int e^A\mathfrak{F}dz}$ 时，得到类薛定谔方程如下

$$(-\partial_z^2+V^\alpha)\alpha_n(z)=m_n^2\alpha_n(z) \tag{4-83a}$$

$$(-\partial_z^2+V^{\beta})\beta_n(z)=m_n^2\beta_n(z) \tag{4-83b}$$

并且有效势是

$$V^{\alpha}=2\eta A' e^{A}\mathfrak{F}(z)+2\eta e^{A}\partial_z\mathfrak{F}(z)+(2\eta e^{A}\mathfrak{F}(z))^2 \tag{4-84a}$$

$$V^{\beta}=-2\eta A' e^{A}\mathfrak{F}(z)-2\eta e^{A}\partial_z\mathfrak{F}(z)+(2\eta e^{A}\mathfrak{F}(z))^2 \tag{4-84b}$$

需要注意的是，此时，正交条件（27）变为

$$\int \alpha_m\beta_n \mathrm{d}z=2\delta_{\alpha\beta}\delta_{nm} \tag{4-85}$$

我们可以发现由式（4-83）得到的质谱与式（4-79）得到的质谱相同。因此α_n和β_n也是引力微子场的KK模。零模为

$$\alpha_0,\beta_0 \propto \mathrm{e}^{\pm 2\eta\int \mathrm{e}^{A}\mathfrak{F}\mathrm{d}z} \tag{4-86}$$

很容易发现$f(z)$的表达式等于β_0。

发现V^{α}（44a）和V^{β}（4-84b）势与V^{L}（36a）和V^{R}（4-76b）势相似，耦合量为2η而非η。我们知道，在只考虑汤川耦合（即$f=1$和$\mathfrak{F}=F$）的情况下，KK模的质谱可由式（4-75）求得。而V^{α}（V^{β}）和V^{L}（V^{R}）的差值告诉我们，考虑非最小耦合会改变KK模的质谱。为了说明这一点，我们仍然关注膜解式（4-60）并获得KK模的质谱。本书考虑最简单的$\mathfrak{F}(z)=az$，引入$f(z)=\mathrm{e}^{-2\eta\int \mathrm{e}^{A}\mathfrak{F}\mathrm{d}z}=\mathrm{e}^{-\frac{2\eta\sqrt{1+a^2z^2}}{a}}$。虽然我们设置了$\mathfrak{F}(z)$，但它仍然可以帮助我们理解引入非最小耦合和汤川耦合后引力微子KK模质谱的变化。此外，它使我们能够辨别这些耦合模对引力微子局域化的影响，从而提高我们对局域化机制的理解。因此，本书给出了这种最简单、最直观的形式。那么零模为

$$\alpha_0,\beta_0 \propto \mathrm{e}^{\pm\frac{2\eta\sqrt{1+a^2z^2}}{a}} \tag{4-87}$$

对于任何正η、β_0都可以局域在膜上。此时，有效势为

$$V^{\alpha,\beta}=\frac{2\eta a(2\eta az^2\sqrt{1+a^2z^2}\pm 1)}{(1+a^2z^2)^{\frac{3}{2}}} \tag{4-88}$$

它的渐近行为是

$$V^{\alpha,\beta}(0)=\pm 2\eta a,\quad V^{\alpha,\beta}(\pm\infty)=4\eta^2 \tag{4-89}$$

对于任何正η，有效势V^{α}总是正的，不能捕获零模。而当$V^{\alpha}(0)<V^{\alpha}(\pm\infty)$，即$\eta>\frac{a}{\gamma}$时，出现势阱，且势阱深度随$\eta$值的增大而增大，如图 4-6 和图 4-7 所示，此时可能局部存在束缚的大质量α_n。V^{β}是可以捕获零模的 PT 势，如图 4-6 和图 4-7 所示。由于方程（4-83）的复杂性，我们使用数值方法来求解它，我们的结果见表 4-2。可见，大质量α_n和β_n具有相同的光谱，但它们的奇偶却是相反的。第一个束缚大质量的α_n是偶数而β_n是奇数。这些结果正好与狄拉克费米场相反。对于五维狄拉克费米场，只有狄拉克费米子的左零模可以局域在膜上，并且左狄拉克费米子的第一束缚大质量 KK 模是奇模。这一结论与我们之前的研究[56]一致。需要注意的是，这里的α_n和β_n不是左手引力微子和右手引力微子的 KK 模，而是它们的组合。此外我们发现耦合参数 eta 与束缚的 KK 模式数量按一定比例成正比。接下来我们来解出函数$\mathfrak{F}$，由于耦合常数 eta 会乘以两个方程（式 4-83），此时束缚 KK 模式的数量与两种耦合都有关，而不仅仅与汤川耦合有关（$f=1$和$\mathfrak{F}=F$）。另一方面，在本书中函数F为

$$F(z)=f(z)\mathfrak{F}(z)=a\mathrm{e}^{-\frac{2\eta\sqrt{1+a^2z^2}}{a}}z \tag{4-90}$$

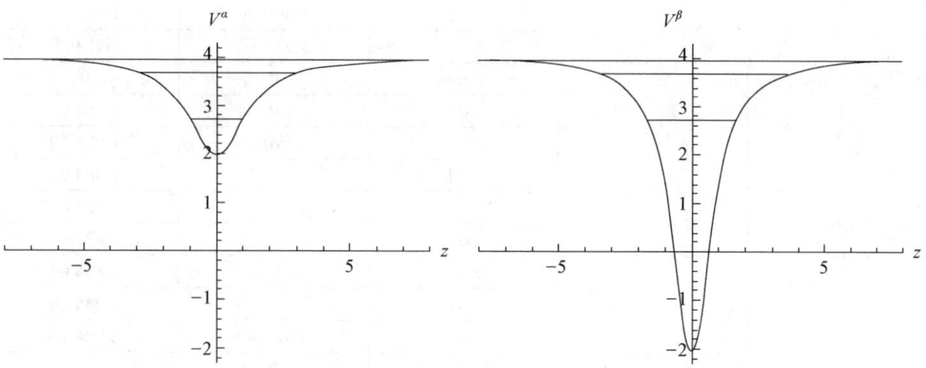

图 4-6 有效势V^{α}（44a）和V^{β}（44b）的形状。α_n和β_n的质谱$f=\mathrm{e}^{-2\eta\int \mathrm{e}^{A}\mathfrak{F}dz}$和$\mathfrak{F}=az$，参数设为$a=\eta=1$

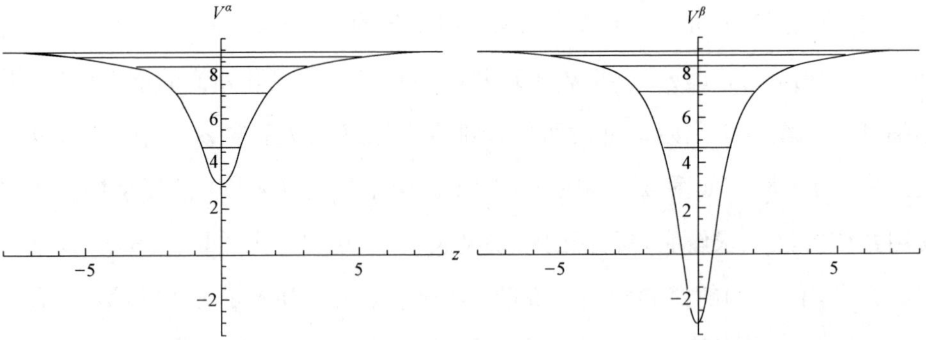

图 4-7　有效势 V^α（44a）和 V^β（44b）的形状。α_n 和 β_n 的质谱 $f=\mathrm{e}^{-2\eta\int \mathrm{e}^A\mathfrak{F}\mathrm{d}z}$ 和 $\mathfrak{F}=az$，参数设为 $a=1$ 和 $\eta=1.5$

如果我们固定 $F(z)$，只考虑汤川耦合，我们会发现有效势 V^R（4-76b）是一个火山势，如图 4-8 所示，它不能捕获任何束缚大质量 KK 模。因此引入了非最小耦合可以极大地改变 KK 模的质谱，从而增加束缚 KK 模的数量，或者使束缚的大质量模从无开始生长。

表 4-2　特征值 m^2，质量 m 和 $f=\mathrm{e}^{-2\eta\int \mathrm{e}^A\mathfrak{F}\mathrm{d}z}$ 和 $\mathfrak{F}=az$ 的解的宇称，这里 $\mathcal{P}$ 代表宇称。参数 a 设置为 1

η	α or β	$\mathcal{P}$	m^2	m
1	α	even	2.745 47	1.656 95
		odd	3.690 56	1.921 08
		even	3.935 85	1.983 90
	β	even	0	0
		odd	2.745 45	1.656 94
		even	3.690 60	1.921 09
		odd	3.936 26	1.984 00
		even	4.670 32	2.161 09
		odd	7.139 33	2.671 95
1.5	α	even	8.271 64	2.876 05
		odd	8.732 05	2.955 00
		even	8.908 40	2.984 70
	β	even	0	0
		odd	4.670 29	2.161 09
		even	7.139 33	2.671 95
		odd	8.271 63	2.876 04
		even	8.732 06	2.955 01
		odd	8.908 40	2.984 70

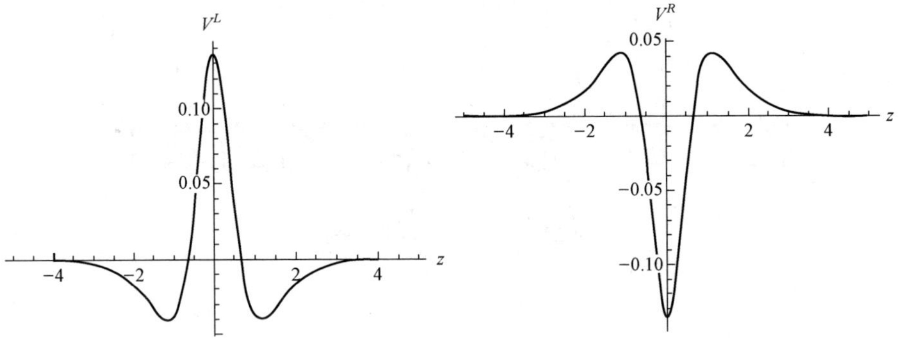

图 4-8　只考虑汤川耦合且 $f=1$ 和 $F=a\mathrm{e}^{-\frac{2\eta\sqrt{1+a^2z^2}}{a}}z$ 时有效势 V^L（36a）和 V^R（36b）的形状，参数设为 $a=\eta=1$。

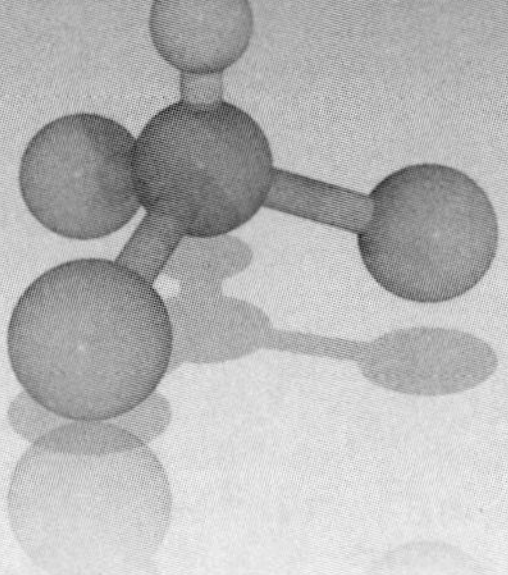

第 5 章　膜世界理论的未来发展和展望

膜世界理论在未来的发展态势呈现出机遇与挑战并存的复杂格局，其多维度的研究方向与多元的探索途径蕴含着深刻的科学意义与潜在的重大突破可能性。

在实验验证与新物理效应探索维度，多途径的实验研究将同步推进。其一，通过精确计算膜上 KK 引力子、Higgs 粒子以及规范玻色子对费米子之间散射过程的量子场论振幅，并紧密结合大型强子对撞机（LHC）所获取的实验数据，深入挖掘膜世界理论所预言的新物理效应。这要求运用量子场论中的微扰论、重整化群方法等工具进行精确计算，同时借助 LHC 上高精度的探测器系统对粒子碰撞过程中的末态粒子动量、能量、角度分布等物理量进行精确测量。例如，在特定能量尺度下，根据膜世界理论预测 KK 引力子与费米子散射过程中的散射截面、角分布等特征量，通过与 LHC 实验数据对比，检验理论模型的正确性，并进一步探索可能存在的超出标准模型的新物理现象，如未被发现的新粒子态、新的相互作用顶点等。

LHC 在膜世界理论探索进程中占据着不可或缺的关键地位。凭借其强大的粒子加速与碰撞能力，开展一系列高能碰撞实验，为揭示额外维度存在这一膜世界理论核心要素提供了有力手段。LHC 的实验数据具有多方面的重要价值：一方面，用于全面搜寻可能与膜世界理论紧密相关的新粒子与新物理现象，如超对称伙伴粒子、暗物质候选粒子以及具有特殊量子数或衰变模式的奇异粒子等。这需要借助先进的探测器技术，如径迹探测器、量能器、缪子探测器等，对粒子碰撞产生的复杂末态进行精确重建与分析，通过寻找与标准模型预测不符的信号事件，为膜世界理论提供实验证据。另一方面，LHC 实验有可能通过制造迷你黑洞这一极端物理过程来验证平行宇宙的存在性。根据膜世界理论，在高能碰撞条件下，当粒子能量达到一定阈值时，可能在额外维度中产生迷你黑洞，其产生机制、衰变特性以及与周围物质的相互作用将为理解额外维度和平行宇宙的结构与性质提供关键信息。此外，LHC 实验还可利用双星产生的引力波和电磁对应体来探测和限制额外维。通过与引力波探测器（如 LIGO、Virgo 等）以及电磁望远镜（如光学望远镜、射电望远镜等）的协同观测，精确测量引力波的波形、频率、振幅、偏振等参数以及电磁对应体的光变曲线、光谱特征等，结合膜世界理论模型，对额外维度的几何参数（如维度数量、尺度大小、紧致化方式等）进行限制与确定，为验证膜世界理论提供独特的实验途径。

除 LHC 相关实验外，利用双星产生的引力波和电磁对应体探测和限制额外维的新方法正逐渐成为膜世界理论实验验证的新兴前沿领域。这一方法基于多信使天文学的原理，整合引力波天文学与电磁天文学的观测手段与数据分析技术。通过建立精确的引力波传播模型、电磁辐射机制模型以及考虑额外维度影响的联合模型，对双星系统在不同演化阶段产生的引力波和电磁信号进行模拟与分析。例如，在双中子星并合过程中，研究引力波在额外维度中的传播修正效应以及伴随的电磁辐射（如伽马射线暴、千新星等）的产生机制与特征，通过对比观测数据与理论模型，对额外维度的参数空间进行约束，为膜世界理论提供独立于粒子对撞实验的实验验证依据，拓展了膜世界理论实验验证的方法学体系。

在理论构建层面，于爱因斯坦引力理论及修改引力理论的综合框架之下，对新型膜世界模型的深入探究构成了核心研究任务之一。这一探究过程需要借助高度精密的数学形式体系以及对物理原理的深度洞察，精确求解与新模型对应的膜世界解。具体而言，通过构建涵盖膜的几何拓扑结构、张力特性以及物质在膜与膜间分布细节的复杂数学模型，运用微分几何、广义相对论及相关数学物理工具进行严格推导与分析，旨在为解决粒子物理学中的层次问题——即电弱相互作用能标与引力相互作用普朗克能标之间的巨大数量级差异，以及宇宙学领域内诸如暗物质本质、暗能量驱动机制、宇宙大爆炸初始条件与演化历程等诸多未解难题，提供创新性的理论视角与解决方案。例如，在构建特定膜世界模型时，需精确确定膜的曲率、挠率等几何参数与物质能量密度、压强等物理量之间的耦合关系，通过求解爱因斯坦场方程或其修改形式，得到膜世界解，进而分析这些解如何影响基本粒子的质量产生机制、相互作用强度以及宇宙宏观结构的形成与演化规律。

在高维时空场论研究方面，聚焦于高维时空中场的 Kaluza-Klein（KK）约化研究将成为关键研究方向。此研究旨在通过严谨的理论分析与数学推导，深入揭示额外维度对我们所观测的四维世界物理现象的影响机制。基于高维场论的基本原理，运用群论、纤维丛理论等数学工具，详细研究高维场在紧致化到四维时空过程中的对称性破缺、模式分解以及量子化特性。例如，分析电磁场、引力场等在高维空间中的统一形式，在紧致化后如何分裂为四维世界中的不同基本力形式，以及 KK 模态的质量谱、耦合常数等物理量如何依赖于额外维度的几何结构与尺度大小，从而建立起额外维度与四维世界可观测物理量之间的定量关系，为理解基本力的统一理论、粒子物理学中的微物理问题以及宇宙学中的大尺度结构形成提供理论依据。

场的局域化问题在膜世界理论未来研究中具有核心重要性。深入探索在不同维度及不同背景下场的局域化机制将成为关键研究焦点。运用量子场论、广义相对论以及拓扑场论等多学科理论工具，研究电磁场、引力场等在膜世界中的局域化条件、模式以及与膜的几何结构、物质分布的相互作用关系。例如，分析在特定膜几何（如 Randall-Sundrum 膜模型）下，引力场如何通过挠曲因子实现局域化在膜上或膜间的特定区域，以及这种局域化如何导致引力在不同维度的传播特性差异，进而影响宇宙大尺度结构的形成与演化。通过建立场局域化的有效理论模型，揭示场局域化与膜世界物理现象之间的内在联系，为构建更为完善的膜世界理论体系奠定坚实基础。

膜世界理论的发展还将涉及多学科领域的交叉融合，推动聚合物和无机材料、化学、物理学、化学工程、过程工程、数学建模等多个学科领域之间的合作。国际合作与发表也将在膜世界理论的研究中发挥重要作用，相关研究成果将在国际著名杂志上发表，促进全球科学家之间的交流与合作。总的来说，膜世界理论的未来发展前景广阔，它不仅将推动理论物理的发展，还有可能为实验物理学提供新的研究方向和方法，随着理论研究的深入和实验技术的进步，我们有望在不远的将来获得更多关于膜世界理论的实证支持。

综上所述，膜世界理论在未来展现出广阔的发展前景。它将持续推动理论物理领域的深度拓展与创新突破，为揭示宇宙基本结构、相互作用规律以及演化奥秘提供全新的理论范式与探索途径。同时，为实验物理学提供了丰富多样的研究方向与创新方法，有望在不远的将来，随着理论研究的不断深入与实验技术的持续进步，获取更多关于膜世界理论的坚实实证支持，从而引领人类对宇宙认知迈向新的高度与深度，对整个科学领域产生深远而持久的影响。

参考文献

[1] Rubakov V A, Shaposhnikov M E. Do we live inside a domain wall? [J]. Physics Letters B, 1983, 125(2-3): 136-138.

[2] Rubakov V A, Shaposhnikov M E. Extra space-time dimensions: towards a solution to the cosmological constant problem [J]. Physics Letters B, 1983, 125(2-3): 139-143.

[3] Randjbar-Daemi S, Wetterich C. Kahaza-Klein solutions with noncompact internal space [J]. Physics Letters B, 1986, 166(1-2): 65-68.

[4] Randall L, Sundrum R. A Large mass hierarchy for a small extra dimension [J]. Physical Review Letters, 1999, 83(23): 3370-3373.

[5] Randall L, Sundrum R. An Alternative to compactification [J]. Physical Review Letters, 1999, 83(24): 4690-469.

[6] Arkani-Hamed N, Dimopoulos S, Dvali G R. The Hierarchy problem and new dimensions at a millimeter [J]. Physics Letters B, 1998, 429(3-4): 263-272.

[7] Antoniadis I, Arkani-Hamed N, Dimopoulos S, et al. New dimensions at a millimeter to a Fermi and superstrings at a TeV[J]. Physics Letters B, 1998, 436(3-4): 257-263.

[8] Kehagias A. A Conical tear as a vacuum-energy drain for the solution of the cosmological constant problem [J]. Physics Letters B, 2004, 600(1-2): 133-140.

[9] Gogberashvili M. Gravitational trapping for extended extra dimension [J].

International Journal of Modern Physics D, 2002, 11(8): 1639-164.

[10] Arkani-Hamed N, Dimopoulos S, Kaloper N, et al. A Small cosmological constant from a large extra dimension [J]. Physics Letters B, 2000, 480(3-4): 193-199.

[11] Alcaniz J S, Jain D, Dev A. Age constraints on brane models of dark energy [J]. Physical Review D, 2002, 66(6): 67301.

[12] Liu D-J, Wang H, Yang B. Modified holographic dark energy in DGP brane world [J]. Physics Letters B, 2010, 694(1): 6-10.

[13] Chun-Fu. Bulk matter fields and their KK modes on brane worlds (Chinese) [D]. Lanzhou: Lanzhou University, 2013.

[14] Yang K, Liu Y X, Zhong Y, et al. Gravity localization and mass hierarchy in scalar-tensor branes [J]. Physical Review D, 2012, 86(12): 127502.

[15] DeWolfe O, Freedman D Z, Gubser S S, et al. Modeling the fifth dimension with scalars and gravity [J]. Physical Review D, 2000, 62(4): 46008.

[16] Abedrakhmanov S T, Bronnikov K A, Meierovich B E. Uniqueness of RS2 type thick branes supported by a scalar field [J]. Gravitation and Cosmology, 2005, 11(2): 82-87.

[17] Gremm M. Four-dimensional gravity on a thick domain wall [J]. Physics Letters B, 2000, 478(3-4): 434-438.

[18] Afonso V I, Bazeia D, Losano L. First-order formalism for bent brane [J]. Physics Letters B, 2006, 634(4): 526-530.

[19] Kehagias A, Tamvakis K. Localized gravitons, gauge bosons and chiral fermions in smooth spaces generated by a bounce [J]. Physics Letters B, 2001, 504(1-2): 38-46.

[20] Bazeia D, Gomes A R, Losano L, et al. Braneworld Models of Scalar Fields with Generalized Dynamics [J]. Physics Letters B, 2009, 671(2-3):

402-406.

［21］ Dzhunushaliev V, Folomeev V, Minamitsuji M. Thick brane solutions［J］. Reports on Progress in Physics, 2010, 73(6): 66901.

［22］ Herrera-Aguilar A, Malagon-Morejon D, Mora-Luna R. Localization of gravity on a de Sitter thick brane world without scalar fields［J］. Journal of High Energy Physics, 2010, 2010(11): 15.

［23］ Bajc B, Gabadadze G. Localization of matter and cosmological constant on a brane in anti-de Sitter space［J］. Physics Letters B, 2000, 474(1-2): 282-286.

［24］ Oda I. Localization of matters on a string-like defect［J］. Physics Letters B, 2010, 496(1-2): 110000.

［25］ Liu Y-X, Zhao Z-H, Wei S-W, et al. Bulk Matters on Symmetric and Asymmetric as of Thick Branes［J］. Journal of Cosmology and Astroparticle Physics, 2009, 2009(2): 3.

［26］ Liu Y-X, Zhang L-D, Wei S-W, Duan Y-S. Localization and Mass Spectrum of Matters on Weyl Thick Branes［J］. Journal of High Energy Physics, 2008, 2008(8): 41.

［27］ Liu Y-X, Zhang L-D, Zhang L-J, et al. Fermions on Thick Branes in Background of Sine-Gordon Kinks［J］. Physical Review D, 2008, 78(6): 65025.

［28］ Liu Y-X, Zhang X-H, Zhang L-D, et al. Localization of Matters on Pure Geometrical Thick Branes［J］. Journal of High Energy Physics, 2008, 2008(2): 67.

［29］ Zhang X-H, Liu Y-X, Duan Y-S. Localization of fermionic fields on brane-worlds with bulk tachyon matter［J］. Modern Physics Letters A, 2008, 23(20): 2093-2100.

［30］ Bazeia D, Brito F A, Fonseca R C. Fermion states on domain wall junctions and the flavor number [J]. European Physical Journal C, 2009, 63(1): 163-168.

[31] Koroteev P, Libanov M. Spectra of Field Fluctuations in Brane-world Models with Broken Bulk Lorentz Invariance [J]. Physical Review D, 2009, 79(4): 45023.

[32] Flachi A, Minamitsuji M. Field localization on a brane intersection in anti-de Sitter spacetime [J]. Physical Review D, 2009, 79(10): 104021.

[33] Zhao Z-H, Liu Y-X, Li H-T. Fermion localization on asymmetric two-field thick branes [J]. Classical and Quantum Gravity, 2010, 27(18): 185001.

[34] Li H-T, Liu Y-X, Zhao Z-H, et al. Fermion Resonances on a Thick Brane with a Piecewise Warp Factor[J]. Physical Review D, 2011, 83(4): 45006.

[35] Chumbes A E R, Vasquez A E O, Hott M B. Fermion localization on a split brane [J]. Physical Review D, 2011, 83(10): 105010.

[36] Zhao Z-H, Liu Y-X, Li H-T, et al. Effects of the variation of mass on fermion localization and resonances on thick branes [J]. Physical Review D, 2010, 82(8): 84030.

[37] Liu Y-X, Fu C-E, Guo H, et al. Bulk Matters on a GRS-Inspired Brane-world [J]. Journal of Cosmology and Astroparticle Physics, 2010, 2010(12): 31.

[38] Kodama Y, Kokubu K, Sawado N. Localization of massive fermions on the baby-skyrmion branes in 6 dimensions [J]. Physical Review D, 2009, 79(6): 65024.

[39] Brihaye Y, Delistate T. Remarks on bell-shaped lumps: Stability and fermionic modes [J]. Physical Review D, 2008, 78(2): 25014.

[40] Liu Y-X, Fu C-E, Zhao L, Duan Y-S. Localization and Mass Spectra of Fermions on Symmetric and Asymmetric Thick Branes [J]. Physical Review D, 2009, 80(6): 65020.

［41］ Liu Y-X, Guo H, Fu C-E, et al. Localization of Matters on Anti-de Sitter Thick Branes［J］. Journal of High Energy Physics, 2010, 2010(2): 80.

［42］ Ringeval C, Peter P, Uzan J P. Localization of massive fermions on the brane［J］. Physical Review D, 2002, 65(4): 44016.

［43］ Koley R, Kar S. Scalar kinks and fermion localisation in warped spacetimes［J］. Classical and Quantum Gravity, 2005, 22(7): 753-760.

［44］ Davies R, George D P. Fermions, scalars and Randall-Sundrum gravity on domain-wall branes［J］. Physical Review D, 2007, 76(10): 104010.

［45］ Liu Y-X, Li H-T, Zhao Z-H, et al. Fermion Resonances on Multi-field Thick Branes［J］. Journal of High Energy Physics, 2009, 2009(10): 91.

［46］ Almeida C A S, Casana R, Ferreira M M, Gomes A R. Fermion localization and resonances on two-field thick branes［J］. Physical Review D, 2009, 79(12): 125022.

［47］ Liu Y-X, Yang J, Zhao Z-H, et al. Fermion Localization and Resonances on A de Sitter Thick Brane［J］. Physical Review D, 2009, 80(6): 65019.

［48］ Ahluwalia-Khilova D V, Grumiller D. Dark matter: A Spin one half fermion field with mass dimension one?［J］. Physical Review D, 2005, 72(6): 67701.

［49］ Ahluwalia-Khilova D V, Grumiller D. Spin half fermions with mass dimension one: Theory, phenomenology, and dark matter［J］. Journal of Cosmology and Astroparticle Physics, 2005, 2005(7): 12.

［50］ Wei H. Spinor Dark Energy and Cosmological Coincidence Problem［J］. Physics Letters B, 2011, 695(3): 307-311.

［51］ Ahluwalia D V, Lee C-Y, Schritt D, Watson T F. Elko as self-interacting fermionic dark matter with axis of locality［J］. Physics Letters B, 2010, 687(2-3): 248-252.

［52］ Ahluwalia-Khilova D V, Lee C Y, Schritt D. Self-interacting Elko dark matter with an axis of locality[J]. Physical Review D, 2011, 83(6): 65017.

[53] Ahluwalia-Khilova D V. Towards a relativity of dark-matter rods and clocks [J]. International Journal of Modern Physics D, 2009, 18(12): 2311-2317.

[54] Shankaranarayanan S. What-if inflation is a spinor condensate? [J]. International Journal of Modern Physics D, 2009, 18(12): 2173-2179.

[55] Wei H. Dynamics of Teleparallel Dark Energy[J]. Physics Letters B, 2012, 712(4): 430-435.

[56] Böhmer C G, Burnett J. Dark energy with dark spinors[J]. Modern Physics Letters A, 2010, 25(1): 101-106.

[57] Böhmer C G, Burnett J, Mota D F, et al. Dark spinor models in gravitation and cosmology [J]. Journal of High Energy Physics, 2010, 2010(7): 53-60.

[58] Böhmer C G. Dark spinor inflation: Theory primer and dynamics [J]. Physical Review D, 2008, 77(12): 123535.

[59] da Rocha R, Rodrigues W A J. Where are ELKO Spinor Fields in Lounesto Spinor Field Classification? [J]. Modern Physics Letters A, 2006, 21(1): 65-70.

[60] da Rocha R, Hoff da Silva J M. From Dirac spinor fields to ELKO [J]. Journal of Mathematical Physics, 2007, 48(12): 123517.

[61] da Rocha R, Hoff da Silva J M. ELKO, flagpole and flag-dipole spinor fields, and the instanton Hopf fibration [J]. Advances in Applied Clifford Algebras, 2010, 20(4): 847-864.

[62] da Rocha R, Hoff da Silva J M. ELKO Spinor Fields: Lagrangians for Gravity derived from Supergravity [J]. International Journal of Geometry Methods in Modern Physics, 2009, 6(4): 461-474.

[63] Hoff da Silva J M, da Rocha R. From Dirac Action to ELKO Action [J]. International Journal of Modern Physics A, 2009, 24(22): 3227-3242.

[64] Fabri L. Causal propagation for ELKO fields [J]. Modern Physics Letters A, 2010, 25(2): 151-156.

[65] Fabri L. Causality for ELKOs [J]. Modern Physics Letters A, 2010, 25(19): 2483-2488.

[66] Fabri L. Zero Energy of Plane-Waves for ELKOs [J]. General Relativity and Gravitation, 2011, 43(9): 1607-1614.

[67] Fabri L. The most general cosmological dynamics for ELKO Matter Fields [J]. Physics Letters B, 2011, 704(3-4): 255-260.

[68] Fabri L, Vignolo S. The most general ELKO Matter in torsional f(R)-theories [J]. Annals of Physics, 2012, 524(1): 77-92.

[69] Fabri L. Conformal Gravity with the most general ELKO Fields [J]. Physical Review D, 2012, 85(4): 47502.

[70] Dias M, de Campos F, Hoff da Silva J M. Exploring Elko typical signature [J]. Physics Letters B, 2011, 706(3-4): 352-356.

[71] Böhmer C G. The Einstein-Cartan-Elko system [J]. Annals of Physics, 2007, 16(1): 38-46.

[72] Carter B. Asymmetric Black Hole Has Only Two Degrees of Freedom [J]. Physical Review Letters, 1971, 26(11): 331-333.

[73] Bekenstein J D. Nonexistence of Baryon Number for Static Black Holes [J]. Physical Review D, 1972, 5(12): 1239-1243.

[74] Robinson D C. Uniqueness of the Kerr Black Hole [J]. Physical Review Letters, 1977, 34(14): 905-906.

[75] Hawking S W, Ellis G F R. The Large Scale Structure of Space-Time [M]. Cambridge: Cambridge UP, 1973.

[76] Misner C W, Thorne K S, Wheeler J A. Gravitation [M]. San Francisco: Academic Press, 1973.

[77] Detweiler S. Klein-gordon equation and rotating black holes [J]. Physical

Review D, 1980, 22(12): 2323-2333.

[78] Ohashi A, Sakagami M-a. Massive quasi-normal mode [J]. Classical and Quantum Gravity, 2004, 21(20): 3973-3982.

[79] Hod S. Bohr's Correspondence Principle and the Area Spectrum of Quantum Black Holes [J]. Physics Letters, 1998, 81(22): 4293-4296.

[80] Dreyer O. Quasinormal Modes, the Area Spectrum, and Black Hole Entropy [J]. Physical Review Letters, 2003, 90(8): 81301.

[81] Barrando J, Bernal A, Degollado J C, et al. Are black holes a serious threat to scalar field dark matter models? [J]. Physical Review D, 2011, 84(8): 83008.

[82] Barranco J, Bernal A, Degollado J C, et al. Schwarzschild Black Holes Can Wear Scalar Wigs [J]. Physical Review Letters, 2012, 109(8): 81102.

[83] Barranco J, Bernal A, Degollado J C, et al. Schwarzschild scalar wigs: spectral analysis and late time behavior [J]. Physical Review D, 2014, 89(8): 83006.

[84] Babichev E, Dokuchaev V, Eroshenko Y. Backreaction of accreting matter onto a black hole in the Eddington-Finkelstein coordinates [J]. Classical and Quantum Gravity, 2012, 29(11): 115002.

[85] Hod S. Stationary Scalar Clouds Around Rotating Black Holes [J]. Physical Review D, 2012, 86(10): 104026.

[86] Hod S. Kerr-Newman black holes with stationary charged scalar clouds [J]. Physical Review D, 2014, 90(2): 24051.

[87] Degollado J C, Herdeiro C A R. Wiggly tails: a gravitational wave signature of massive fields around black holes [J]. Physical Review D, 2014, 90(6): 6501.

[88] Okawa H, Witek H, Cardoso V. Black holes and fundamental fields in Numerical Relativity: initial data construction and evolution of bound

states [J]. Physical Review D, 2014, 89(10): 10403.

[89] Jardim I C, Alencar G, Landim R R, et al. Comment on “Localization of 5D Elko Spinors on Minkowski Branes” [J]. Physical Review D, 2015, 91(4): 48501.

[90] Bogdanos C, Dimitriadis A, Tamvakis K. Brane models with a Ricci-coupled scalar field [J]. Physical Review D, 2006, 74(4): 45003.

[91] Guo H, Liu Y-X, Zhao Z-H, et al. Thick branes with a non-minimally coupled bulk-scalar field [J]. Physical Review D, 2012, 85(12): 124033.

[92] Liu Y-X, Chen F-W, Guo H, et al. Non-minimal Coupling Branes [J]. Journal of High Energy Physics, 2012, 2012(5): 108.

[93] Jensen B P, Candelas P. Schwarzschild radial functions [J]. Physical Review D, 1986, 33(6): 1590-1597.

[94] Chan J S F, Mann R B. Scalar wave falloff in asymptotically anti-de Sitter backgrounds [J]. Physical Review D, 1997, 55(12): 7546-7551.

[95] Horowitz G T, Hubeny V E. Quasinormal modes of AdS black holes and the approach to thermal equilibrium [J]. Physical Review D, 2000, 62(2): 24027.

[96] Cardoso V, Lemos J P S. Scalar, electromagnetic, and Weyl perturbations of BTZ black holes: Quasinormal modes [J]. Physical Review D, 2001, 63(12): 124015.

[97] Cardoso V, Lemos J P S. Quasinormal modes of Schwarzschild-anti-de Sitter black holes: Electromagnetic and gravitational perturbations [J]. Physical Review D, 2001, 64(8): 84017.

[98] Birmingham D, Sachs I, Solodukhin S N. Conformal Field Theory Interpretation of Black Hole Quasinormal Modes [J]. Physics Letters B, 2002, 88(1-2): 15301-15305.

[99] Konoplya R A. Quasinormal modes of a small Schwarzschild-anti-de

Sitter black hole [J]. Physical Review D, 2002, 66(4): 40009.

[100] Konoplya R A. Decay of a charged scalar field around a black hole: Quasinormal modes of RN, RNAdS, and dilaton black holes [J]. Physical Review D, 2002, 66(8): 84007.

[101] Starinets A O. Quasinormal modes of near extremal black branes [J]. Physical Review D, 2002, 66(12): 124013.

[102] Cardoso V, Konoplya R, Lemos J P S. Quasinormal frequencies of Schwarzschild black holes in anti-de Sitter spacetimes: A complete study of the overtone asymptotic behavior [J]. Physical Review D, 2003, 68(4): 44024.

[103] Kurita Y, Sakagami M-A. Quasinormal modes of D3-brane black holes [J]. Physical Review D, 2003, 67(2): 24003.

[104] Setare M. Non-rotating BTZ black hole area spectrum from quasi-normal modes [J]. Classical and Quantum Gravity, 2004, 21(11): 1453-1456.

[105] Setare M R. Area spectrum of extremal Reissner-Nordstrom black holes from quasinormal modes [J]. Physical Review D, 2004, 69(4): 44016.

[106] Bouhmadi-Lopez M, Chen P, Liu Y-W. Scalar perturbations from brane-world inflation with curvature effects [J]. Physical Review D, 2012, 86(8): 83531.

[107] Casals M, Ottewill A. Spectroscopy of the Schwarzschild Black Hole at Arbitrary Frequencies [J]. Physical Review Letters, 2012, 109(11): 111101.

[108] Dolan S R. Superradiant instabilities of rotating black holes in the time domain [J]. Physical Review D, 2013, 87(12): 124026.

[109] Guzman F S, Lora-Clavijo F D. Spherical nonlinear absorption of cosmological scalar fields onto a black hole [J]. Physical Review D, 2012, 85(2): 24036.

[110] Witek H, Cardoso V, Ishibashi A, et al. Superradiant instabilities in astrophysical systems [J]. Physical Review D, 2013, 87(4): 43513.

[111] Cho H T. Dirac quasinormal modes in Schwarzschild black hole spacetimes [J]. Physical Review D, 2003, 68(2): 24003.

[112] Cho H, Lin Y-C. WKB analysis of the scattering of massive Dirac fields in Schwarzschild-black-hole spacetimes [J]. Classical and Quantum Gravity, 2005, 22(7): 775-782.

[113] Ferrari V, Mashhoon B. New approach to the quasinormal modes of a black hole [J]. Physical Review D, 1984, 30(2): 295-301.

[114] Jing J. Dirac quasinormal modes of Schwarzschild black hole [J]. Physical Review D, 2005, 71(12): 124006.

[115] Jing J. Late-time evolution of charged massive Dirac fields in the Reissner-Nordstrom-black-hole background [J]. Physical Review D, 2005, 72(2): 27501.

[116] Lensenby A, Doran C, Pritchard J, et al. A bound states and decay times for fermions in a Schwarzschild black hole background [J]. Physical Review D, 2005, 72(10): 105014.

[117] Gibbons G W, Rogatko M. Decay of Dirac hair around a dilaton black hole [J]. Physical Review D, 2008, 77(4): 4403.

[118] Moderski R, Rogatko M. Decay of Dirac Massive Hair in the Background of Spherical Black Hole [J]. Physical Review D, 2008, 77(12): 124007.

[119] Gibbons G W, Rogatko M, Zytkowski A. Decay of Massive Dirac Hair on a Brane-World Black Hole [J]. Physical Review D, 2008, 77(6): 64024.

[120] Chakrabarti S K. A comparative study of Dirac quasinormal modes of charged black holes in higher dimensions [J]. European Physical Journal C, 2009, 61(4): 477-484.

[121] Dolan S, Gair J. The massive Dirac field on a rotating black hole

spacetime: angular solutions [J]. Classical and Quantum Gravity, 2009, 26(17): 17520-17530.

[122] Sini R, Kurjakose V. Quasinormal modes of RN black hole space-time with cosmic string in a Dirac field [J]. Modern Physics Letters A, 2009, 24(17): 2025-2030.

[123] Lopez-Ortega A. Quasinormal frequencies of the Dirac field in the massless topological black hole [J]. Revista Mexicana de Física, 2010, 56(1): 44-48.

[124] Cubrovic M, Zaanen J, Schalm K. Constructing the AdS dual of a Fermi liquid: AdS black holes with Dirac hair [J]. Journal of High Energy Physics, 2011, 2011(10): 17.

[125] Varghese N, Kurjakose V C. Evolution of electromagnetic and Dirac perturbations around a black hole in Horava gravity [J]. Modern Physics Letters A, 2011, 26(19): 1645-1650.

[126] Oikonomou V. Hidden Supersymmetry in Dirac Fermion Quasinormal Modes of Black Holes [J]. International Journal of Modern Physics A, 2013, 28(13): 1350057-1350065.

[127] Groves P B, Anderson P R, Carlson E D. Method to compute the stress-energy tensor for the massless spin 1/2 field in a general static spherically symmetric spacetime [J]. Physical Review D, 2002, 66(12): 124017.

[128] Bjorken J D, Drell S D. Relativistic Quantum Mechanics [M]. New York: McGraw-Hill, 1965.

[129] Degollado J C, Nunez D, Palenzuela C. Signatures of the sources of the gravitational waves of a perturbed Schwarzschild black hole [J]. General Relativity and Gravitation, 2010, 42(6): 1287-1296.

[130] Forger M, Romer H. Currents and the energy-momentum tensor in

classical field theory: A fresh look at an old problem [J]. Annals of Physics, 2004, 309(2): 306-339.

[131] Sola J. Cosmological constant and vacuum energy: old and new ideas [J]. Journal of Physics: Conference Series, 2013, 453(1): 12015.

[132] Torii T, Maeda K, Narita M. No scalar hair conjecture in asymptotic de Sitter space-time [J]. Physical Review D, 2001, 59(6): 64027.

[133] Torii T, Maeda K, Narita M. Can the cosmological constant support a scalar field? [J]. Physical Review D, 2001, 59(10): 104002.

[134] Torii T, Maeda K, Narita M. Black hole no hair conjecture in the Einstein-Maxwell system in asymptotically de Sitter space-time [J]. Physical Review D, 2001, 63(4): 47502.

[135] Winstanley E. Dressing a black hole with non-minimally coupled scalar field [J]. Classical and Quantum Gravity, 2005, 22(11): 2233-2242.

[136] Hosler D, Winstanley E. Higher-dimensional solitons and black holes with a non-minimally coupled scalar field [J]. Physical Review D, 2009, 80(10): 104010.

[137] Bhattacharya S, Lahiri A. Black hole-no-hair theorems for a positive cosmological constant [J]. Physics Letters B, 2007, 99(1-2): 201101-201104.

[138] Bhattacharya S, Lahiri A. No hair theorems for stationary axisymmetric black holes [J]. Physical Review D, 2011, 83(12): 124017.

[139] Bhattacharya S, Lahiri A. Massive spin-2 and spin-1/2 no hair theorems for stationary axisymmetric black holes [J]. Physical Review D, 2012, 86(8): 84038.

[140] Bhattacharya S. Note on black hole no hair theorems for massive forms and spin-1/2 fields [J]. Physical Review D, 2013, 88(4): 44053.

[141] Graham A A H, Jha R. Stationary Black Holes with Time-Dependent Scalar Fields [J]. Physical Review D, 2014, 90(4): 41501.

[142] Caldwell R R, Yu P P. Long-lived quintessential scalar hair [J]. Classical and Quantum Gravity, 2006, 23(11): 7257-7264.

[143] Winstanley E. Existence of stable hairy black holes in SU(2) Einstein-Yang-Mills theories with a negative cosmological constant [J]. Classical and Quantum Gravity, 2009, 16(11): 1963-1970.

[144] Torii T, Maeda K, Narita M. Scalar hair on the black hole in asymptotically anti-de Sitter space-time [J]. Physical Review D, 2001, 64(4): 44007.

[145] Dehghani M H, Ghezelbash A M, Mann R B. Abelian Higgs hair for AdS-Schwarzschild black hole [J]. Physical Review D, 2002, 65(4): 44010.

[146] Ghezelbash A M, Mann R B. Abelian Higgs hair for rotating and charged black holes [J]. Physical Review D, 2002, 65(12): 124022.

[147] Kolyvaris T, Koutsoumbas G, Papantonopoulos E, et al. A New Class of Exact Hairy Black Hole Solutions[J]. General Relativity and Gravitation, 2011, 43(1): 163-177.

[148] González P A, Papantonopoulos E, Saavedra J, et al. Four-Dimensional Asymptotically AdS Black Holes with Scalar Hair [J]. Journal of High Energy Physics, 2013, 2013(12): 21.

[149] Landim R R, Alencar G, Tahim M O, et al. A Transfer Matrix Method for Resonances in Randall-Sundrum Models [J]. Journal of High Energy Physics, 2011, 2011(8): 71.

[150] Landim R R, Alencar G, Tahim M O, et al. A Transfer Matrix Method for Resonances in Randall-Sundrum Models Ⅱ: The Deformed Case [J]. Journal of High Energy Physics, 2012, 2012(2): 73.

[151] Du Y Z, Zhao L, Zhong Y, et al. Resonances of Kalb-Ramond field on symmetric and asymmetric thick branes [J]. Physical Review D, 2013,

88(2): 24009.

[152] Kim J E, Kyae B, Lee H M. Model for self-tuning the cosmological constant Phys [J]. Physical Review Letters, 2001, 86(20): 4223-4226.

[153] Dey P, Mukhopadhyaya B, SenGupta S. Neutrino masses, the cosmological constant and a stable universe in a Randall-Sundrum scenario [J]. Physical Review D, 2009, 80(5): 55029-55036.

[154] Neupane I P. De Sitter brane-world, localization of gravity, and the cosmological constant[J]. Physical Review D, 2011, 83(8): 86004-86011.

[155] Liu Y X, Zhong Y, Zhao Z H, et al. Domain wall brane in squared curvature gravity [J]. High Energy Physics, 2011, 2011(135): 1-18.

[156] Liu Y X, Yang K, Guo H, et al. Domain Wall Brane in Eddington Inspired Born-Infeld Gravity [J]. Physical Review D, 2012, 85(12): 124053-124060.

[157] Chen F W, Liu Y X, Zhong Y, et al. Brane worlds in critical gravity [J]. Physical Review D, 2013, 88(10): 104033-104040.

[158] Bazeia D, Lobao Jr A S, Menezes R. Thick brane models in generalized theories of gravity [J]. Physics Letters B, 2015, 743(1-2): 98-103.

[159] Yu H, Zhong Y, Gu B M, et al. Gravitational resonances on f(R)-brane[J]. European Physical Journal C, 2016, 76(2): 195-201.

[160] Liu Y X, Zhang X H, Zhang L D, et al. Localization of Matters on Pure Geometrical Thick Branes [J]. Journal of High Energy Physics, 2007, 2007(97): 1-10.

[161] Davies R, George D P, Volkas R R. The standard model on a domain-wall brane? [J]. Physical Review D, 2008, 77(12): 124038-124045.

[162] Guerrero R, Melfo A, Pantoja N, et al. Gauge field localization on brane worlds [J]. Physical Review D, 2010, 81(8): 86004-86011.

[163] Fu C E, Liu Y X, Yang K, et al. q-Form fields on p-branes [J]. Journal of

High Energy Physicsics, 2012, 2012(60): 1-10.

［164］ Xie Q Y, Yang J, Zhao L. Resonance Mass Spectra of Gravity and Fermion on Bloch Branes［J］. Physical Review D, 2013, 88(10): 105014-105021.

［165］ Liu Y X, Xu Z G, Chen F W, et al. New localization mechanism of fermions on braneworlds［J］. Physical Review D, 2014, 89(8): 86001-86008.

［166］ Zhao Z H, Liu Y X, Zhong Y. U(1) Gauge Field Localization on Bloch Brane with Chumbes-Holf da Silva-Hott Mechanism［J］. Physical Review D, 2014, 90(4): 45031-45038.

［167］ Guo H, Xie Q Y, Fu C E. Localization and quasilocalization of spin-1/2 fermion field on two-field thick braneworld［J］. Physical Review D, 2015, 92(10): 106007-106014.

［168］ Zhou X N, Du Y Z, Zhao H Z, et al. Localization of five-dimensional Elko spinors with non-minimal coupling on thick branes［J］. European Physical Journal C, 2018, 388: 69-86.

［169］ Guo H, Herrera-Aguilar A, Liu Y X, et al. Localization of bulk matter fields, the hierarchy problem and corrections to Coulomb's law on a pure de Sitter thick braneworld［J］. Physical Review D, 2013, 87(9): 95011-95018.

［170］ Sahin I, Koksal M, Inan S C, et al. Graviton production through photon-quark scattering at the LHC［J］. Physical Review D, 2015, 91(3): 35017-35024.

［171］ Bauer M, Horner C, Neubert M. Diphoton Resonance from a Warped Extra Dimension［J］. Journal of High Energy Physicsics, 2016, 2016(94): 1-26.

［172］ Almeida C A S, Casana R, Gomes A R, et al. Fermion localization and resonances on two-field thick branes [J]. Physical Review D, 2009, 79(12): 125022-125029.

[173] Liu Y X, Li H T, Zhao Z H, et al. Fermion Resonances on Multi-field Thick Branes [J]. Journal of High Energy Physics, 2009, 2009(91): 1-10.

[174] Landim R R, Alencar G, Tahim M O, et al. A Transfer Matrix Method for Resonances in Randall-Sundrum Models [J]. Journal of High Energy Physicsics, 2011, 2011(71): 1-10.

[175] Du Y Z, Zhao L, Zhong Y, et al. Resonances of Kalb-Ramond field on symmetric and asymmetric thick branes [J]. Physical Review D, 2013, 88(2): 24009-24016.

[176] Zhang Y P, Du Y Z, Guo W D, et al. Resonance spectrum of a bulk fermion on branes [J]. Physical Review D, 2016, 93(6): 65042-65049.

[177] Xu Z G, Zhong Y, Yu H, et al. The structure of f(R)-brane model [J]. European Physical Journal C, 2015, 75(3): 368-374.

[178] Feng J L, Kamionkowski M, Lee S K. The structure of f(R)-brane model [J]. Physical Review D, 2010, 82(1): 15012-15020.

[179] Savvidy K G, Vergados J D. Direct Dark Matter Detection-A spin 3/2 WIMP candidate [J]. Physical Review D, 2013, 87(7): 75013-75020.

[180] Shirai S, Yanagida T T. A Test for Light Gravitino Scenario at the LHC [J]. Physics Letters B, 2009, 680(3-4): 351-354.

[181] Yale A, Mann R B. Gravitinos Tunneling from Black Holes [J]. Physics Letters B, 2009, 673(1-2): 168-172.

[182] Arnold P, Szepietowski P, Vaman D. Gravitino and other spin-3/2 quasinormal modes in Schwarzschild-AdS spacetime [J]. Physical Review D, 2014, 89(4): 46001-46008.

[183] Lee H M, Papazoglou A. Gravitino in six-dimensional warped supergravity [J]. Nuclear Physics B, 2008, 792(3): 166-190.

[184] He D Z, Zhang J F, Zhang X. Redshift drift constraints on holographic dark energy [J]. SCIENCE CHINA Physics, Mechanics & Astronomy, 2017, 60(3): 39511-39518.

[185] Zhang X. Probing the interaction between dark energy and dark matter with the parametrized post-Friedmann approach [J]. SCIENCE CHINA Physics, Mechanics & Astronomy, 2017, 60(5): 50431-50438.

[186] Sotiriou T P, Faraoni V. f(R) Theories Of Gravity [J]. Reviews of Modern Physics, 2010, 82(1): 451-497.

[187] De Felice A, Tsujikawa S. f(R) theories [J]. Living Reviews in Relativity, 2010, 13(1): 3-10.

[188] Nojiri S, Odintsov S D. Unified cosmic history in modified gravity: from F(R) theory to Lorentz non-invariant models [J]. Physics Reports, 2011, 505(2-3): 59-144.

[189] Afonso V I, Bazeia D, Menezes R, et al. f(R)-Brane [J]. Physics Letters B, 2007, 658(1-2): 71-76.

[190] Dzhunushaliev V, Folomeev V, Kleihaus B, et al. Some thick brane solutions in f(R)-gravity [J]. Journal of High Energy Physicsics, 2010, 2010(130): 1-10.

[191] Liu H, Lu H, Wang Z L. f(R) Gravities, Killing Spinor Equations, "BPS" Domain Walls and Cosmology [J]. Journal of High Energy Physicsics, 2012, 2012(83): 1-10.

[192] Bazeia D, Lobao Jr A S, Losano L, et al. Braneworld solutions for modified theories of gravity with non-constant curvature [J]. Physical Review D, 2015, 91(12): 124006-124013.

[193] Zhong Y, Liu Y X, Yang K. Tensor perturbations of f(R)-branes [J]. Physics Letters B, 2011, 699(1-2): 398-402.

[194] Haghani Z, Sepangi H R, Shahidi S. Cosmological dynamics of brane

f(R) gravity [J]. JCAP, 2012, 2012(2): 31-39.

[195] Germani C, Herrera-Aguilar A, Malagon-Morejon D, et al. Study of field fluctuations and their localization in a thick braneworld generated by gravity non-minimally coupled to a scalar field with the Gauss-Bonnet term [J]. Physical Review D, 2014, 89(2): 26004-26011.

[196] Geng W J, Lu H. Einstein-Vector Gravity, Emerging Gauge Symmetry and de Sitter Bounce [J]. Physical Review D, 2016, 93(4): 44035-44042.

[197] Alencar G, Landim R R, Tahim M O, et al. Gauge Field Localization on the Brane Through Geometrical Coupling [J]. Physics Letters B, 2014, 739(1-2): 125-130.

[198] Vaquera-Araujo C A, Corradini O. Localization of abelian gauge fields on thick branes [J]. European Physical Journal C, 2015, 75(1): 48-54.

[199] Fu C E, Liu Y X, Guo H, et al. Localization of q-form fields on AdSp+1 branes [J]. Physics Letters B, 2014, 735(1-2): 7-12.

[200] Fu C E, Zhong Y, Xie Q Y, et al. Localization and mass spectrum of q-form fields on branes [J]. Physics Letters B, 2016, 757(1-2): 180-186.

[201] Li Y Y, Zhang Y P, Guo W D, et al. Fermion localization mechanism with derivative geometrical coupling on branes [J]. Physical Review D, 2017, 95(11): 115003-115010.

[202] Bazeia D, Brito F A, Costa F G. Braneworld solutions from scalar field in bimetric theory [J]. Physical Review D, 2013, 87(6): 65007-65014.

[203] Chumbes A E R, Hoff da Silva J M, Hott M B. A model to localize gauge and tensor fields on thick branes [J]. Physical Review D, 2012, 85(8): 85003-85010.

[204] Germani C. Spontaneous localization on a brane via a gravitational mechanism [J]. Physical Review D, 2012, 85(5): 55025-55032.

[205] Cruz W T, Lima A R P, Almeida C A S. Gauge field localization on the

Bloch Brane [J]. Physical Review D, 2013, 87(4): 45018-45025.

[206] Fu C E, Liu Y X, Guo H, et al. New localization mechanism and Hodge duality for q-form field [J]. Physical Review D, 2016, 93(6): 64007-64014.

[207] Pereira S H, Pinho S S A, Hoff da Silva J M. Some remarks on the attractor behaviour in ELKO cosmology[J]. JCAP, 2014, 2014(8): 20-27.

[208] Pereira S H, Pinho S S A, Hoff da Silva J M, et al. Λ(t) cosmology induced by a slowly varying Elko field [J]. JCAP, 2017, 2017(1): 55-62.

[209] Pereira S H, Holanda R F L, Souza A. Pinho S. Evolution of the universe driven by a mass dimension one fermion field [J]. Europhysics Letters. , 2017, 120(3): 31001-31006.

[210] Hoff da Silva J M, Coronado Villalobos C H, Bueno Rogerio R J, et al. On the bilinear covariants associated to mass dimension one spinors [J]. European Physical Journal C, 2016, 76(5): 563-570.

[211] Abłamowicz R, Gonçalves I, da Rocha R. Bilinear Covariants and Spinor Fields Duality in Quantum Clifford Algebras [J] Journal of Mathematical Physics, 2014, 55(10): 103501-103510.

[212] Bueno Rogerio R J, Hoff da Silva J M, Pereira S H, et al. A framework to a mass dimension one fermionic sigma model [J]. Europhysics Letters, 2016, 113(6): 60001-60006.

[213] Cavalcanti R T. Classification of Singular Spinor Fields and Other Mass Dimension One Fermions[J]. International Journal of Modern Physics D, 2014, 23(14): 1444002-1444009.

[214] Cavalcanti R T, Hoff da Silva J M, da Rocha R. VSR symmetries in the DKP algebra: the interplay between Dirac and Elko spinor fields [J]. European Physical Journal Plus, 2014, 129(3): 246-252.

[215] Ahluwalia D V. Mass dimension one fermions [M]. Cambridge:

Cambridge University Press, 2019.

［216］ Zhou X N, Du Y Z, Zhao Z H, et al. Localization of five-dimensional Elko spinors with non-minimal coupling on thick branes［J］. European Physical Journal C, 2018, 78(3): 493-500.

［217］ Zhou X N, Ma X Y, Zhao Z H, et al. Localization of five-dimensional Elko Spinors on dS/AdS Thick Branes［J］. Chinese Physics C, 2022, 46(2): 23101.

［218］ George D P, Trodden M, Volkas R R. Extra-dimensional cosmology with domain-wall branes［J］. JHEP, 2009, 2009(2): 35-42.

［219］ Feng J L, Kamionkowski M, Lee S K. Light Gravitinos at Colliders and Implications for Cosmology［J］. Physical Review D, 2010, 82(1): 15012-15020.

［220］ Savvidy K G, Vergados J D. Direct Dark Matter Detection-A spin 3/2 WIMP candidate［J］. Physical Review D, 2013, 87(7): 75013-75020.

［221］ da Rocha R, Bernardini A E, Hoff da Silva J M. Exotic Dark Spinor Fields［J］. JHEP, 2011, 2011(4): 110-118.

［222］ Pereira S H, Guimarães T M. From inflation to recent cosmic acceleration: The fermionic Elko field driving the evolution of the universe［J］. JCAP, 2017, 2017(9): 38-45.

［223］ Lee C Y. Self-interacting mass-dimension one fields for any spin［J］. International Journal of Modern Physics A, 2015, 30(15): 1550048-1550055.

［224］ Lee C Y. Symmetries and unitary interactions of mass dimension one fermionic dark matter［J］. International Journal of Modern Physics A, 2016, 31(16): 1650187-1650194.

［225］ Fabbri L. Zero Energy of Plane-Waves for ELKOs［J］. General Relativity and Gravitation, 2011, 43(9): 1607-1614.

[226] Boehmer C G. Dark spinor inflation--theory primer and dynamics [J]. Physical Review D, 2008, 77(12): 123535-123542.

[227] Boehmer C G, Burnett J. Dark spinors with torsion in cosmology [J]. Physical Review D, 2008, 78(10): 104001-104008.

[228] Gredat D, Shankaranarayanan S. Modified scalar and tensor spectra in spinor driven inflation [J]. JCAP, 2010, 2010(1): 8-15.

[229] Basak A, Shankaranarayanan S. Super-inflation and generation of first order vector perturbations in ELKO [J]. JCAP, 2015, 2015(5): 34-41.

[230] Ahluwalia D V, Horvath S P. Very special relativity as relativity of dark matter: the Elko connection [J]. JHEP, 2010, 2010(11): 78-85.

[231] Ahluwalia D V, Lee C Y, Schritt D. Self-interacting Elko dark matter with an axis of locality [J]. Physical Review D, 2011, 83(6): 65017-65024.

[232] Dantas D M, da Rocha R, Almeida C A S. Exotic Elko on String-Like Defects in Six Dimensions [J]. Europhysics Letters, 2017, 117(5): 51001-51006.